単元 攻略

ベクトル
解法のパターン 30

東進ハイスクール・河合塾
松田聡平 ──── 著
Matsuda Sohei

技術評論社

目 次

はじめに ……………………………… 4
本書の使い方 ………………………… 5

例題 …………………………………… 6

§1　平面ベクトル① …………… 27
例題 1-1　平面ベクトルの加減 …… 28
例題 1-2　平行・単位ベクトル …… 30
例題 1-3　内積・なす角 …………… 32

§2　平面ベクトル② …………… 35
例題 2-1　大きさ2乗 ……………… 36
例題 2-2　内積・垂線 ……………… 38
例題 2-3　3角形の面積 …………… 40
Appendix ①　ベクトルの内積と
　　　　　　　正射影ベクトル …… 42

§3　平面ベクトル③ …………… 43
例題 3-1　重心, 分点, 一直線上 …… 44
例題 3-2　延長線との交点 ………… 46
例題 3-3　交点のベクトル ………… 48

§4　平面ベクトル④ …………… 51
例題 4-1　始点そろえる …………… 52
例題 4-2　分離して2乗 …………… 54
例題 4-3　ベクトルの存在範囲 …… 56

§5　平面ベクトル⑤ …………… 59
例題 5-1　内心 ……………………… 60
例題 5-2　外心 ……………………… 62
例題 5-3　垂心 ……………………… 64
Appendix ②　重心と外心と垂心 … 66

§6　平面ベクトル⑥ …………… 67
例題 6-1　ベクトル方程式 ………… 68
例題 6-2　図形とベクトル ………… 70
例題 6-3　三角形の形状決定 ……… 72

§7　空間ベクトル① …………… 75
例題 7-1　空間ベクトルの加減・内積 … 76
例題 7-2　一次結合・平行・2垂直・
　　　　　大きさ2乗 ……………… 78
例題 7-3　一直線上・面積 ………… 80
Appendix ③　ベクトルの外積 …… 82

§8　空間ベクトル② …………… 83
例題 8-1　共面条件 ………………… 84
例題 8-2　共面と交点 ……………… 86
例題 8-3　共面垂直条件 …………… 88

§9　空間ベクトル③ …………… 91
例題 9-1　直線への垂線 …………… 92
例題 9-2　空間の動点 ……………… 94
例題 9-3　空間の2直線 …………… 96

§10　空間ベクトル④ …………… 99
例題 10-1　空間のベクトル方程式 … 100
例題 10-2　球の方程式／球と平面・直線
　　　　　　……………………… 102
例題 10-3　座標設定 ……………… 104
Appendix ④　空間座標における図形表現
　　　　　　……………………… 106

発展演習 …………………………… 107
著者プロフィール ………………… 112

はじめに

　本書のタイトル『解法のパターン30』に対して，もしかしたら皆さんの身近の数学教師はこう言うかもしれません．

「**数学はパターンじゃダメなんだよ！パターン覚えさせる参考書なんてダメだ！**」

　実は，松田も昔，教室で同じようなことを言っていたことがありました．もっと言うと，今でも正直そう思ってもいます．では，なぜこういうタイトルにしたのか．その理由となったのは，「**解法の〈型〉を知らないために，非常に損をしている高校生が多すぎる**」という嘆かわしい実情です．また，その実情に対して鈍感な大人が多いことも事実です．

　本書で扱う「ベクトル」は，センター試験はもちろんのこと，さまざまなレベルの大学の入試において，合否を分ける重要な問題として毎年出題されています．本書『ベクトル　解法のパターン30』では，10のカテゴリーをセクションにして，各セクション3問ずつの計30問を例題として掲載しました．出典大学にこだわることなく，汎用性・普遍性・応用性を意識して，良問を厳選しました．また，各例題に「演習」をつけ，解法の習得を確認できるようにしました．さらに巻末には，難関大の過去問を中心に「発展演習」を10問収録してあります．

　本書を通して学んでほしいことは，最低限の「型（解法知識）」と，その上に成り立つ「運用（思考力）」です．模範解答の理解で終わるのではなく，ベクトルの問題を解くときに必要となるような「発展的な図形感覚」を獲得するべく，頑張ってください．

　　　　　　　　　　　　　　　　　　東進ハイスクール・河合塾　数学講師
　　　　　　　　　　　　　　　　　　　　　　　　　　　　　　　　松田聡平

本書の使い方

例題 ：解法のパターンの典型となるような問題
演習 ：例題の類題となるような入試問題
発展演習 ：難関大入試問題（§1→1, §2→2 … と対応）
\# ：数学ⅠAⅡB範囲外の内容を扱っています．
（教育的価値に配慮して，入試問題は改題していることがあります．）

例えば§1ならば，
1ページ目（p.27）で，基本事項を確認し，

① 問題のページ（p.6）で **例題 1-1** を解く．〈1問 10～15分〉
↓ （困ったときは解答ページのヒントだけを見てもよい）

② **例題 1-1** （p.28～29）の解答を見て自己採点する．そして解答を
↓ 理解する．

③ 別解や＊〈注釈・発展事項〉も理解する．
↓

④ **演習 1-1** を解く．〈1問 10～15分〉

これを繰り返し，**演習 10-3** まで終わったら，
ぜひ **発展演習 1** ～ **10** 〈1問 20～25分〉に挑戦してください．

全問解き終わった後は，**解法のフロー** を活用して復習してください．また，本書を日常的に携帯して，高校・予備校・塾での授業中もぜひ参照してみてください．非常に効率よく，多面的に理解が深まるはずです．

§1 平面ベクトル①

例題 1-1 平面ベクトルの加減

正6角形 ABCDEF がある．正六角形の中心を O，DE の中点を L，AL の中点を M，BC の中点を N，$\overrightarrow{AB} = \vec{b}$，$\overrightarrow{AF} = \vec{f}$ とするとき，

(1) $\overrightarrow{AO}$ を $\vec{b}$，$\vec{f}$ を用いて表せ．
(2) $\overrightarrow{AL}$ を $\vec{b}$，$\vec{f}$ を用いて表せ．
(3) $\overrightarrow{MN}$ を $\vec{b}$，$\vec{f}$ を用いて表せ．
(4) $\vec{f}$ を $\overrightarrow{AL}$，$\overrightarrow{AN}$ を用いて表せ．

例題 1-2 平行・単位ベクトル

(1) 平面上にベクトル $\vec{a}$，$\vec{b}$ があり，$\vec{a} + \vec{b} = (3, 0)$，$\vec{a} - \vec{b} = (1, 2)$ のとき，$2\vec{a} + 3\vec{b} = (^7\boxed{}, {}^\uparrow\boxed{})$ となり，その大きさは ${}^\supset\boxed{}$ となる．

(駒沢大)

(2) $\vec{a} = (3, -2)$，$\vec{b} = (-6, x+1)$ が平行であるとき，x の値を求めよ．

(3) $\vec{a} = (4, -3)$ に平行な単位ベクトルを求めよ．

例題 1-3 内積・なす角

(1) $\vec{a}=(2,1)$, $\vec{b}=(1,3)$．このとき $\vec{a}$ と $\vec{b}$ のなす角 $\theta(0\leqq\theta\leqq\pi)$ を求めよ．

(2) 2つのベクトル $\vec{a}=(1,3)$, $\vec{b}=(3,-2)$ に対して，$\vec{a}+\vec{b}$ と $\vec{a}+t\vec{b}$ が垂直になるように，実数 t の値を定めよ．

(3) $|\vec{a}|=1$, $|\vec{b}|=2$ であり，$\vec{a}-\vec{b}$ と $5\vec{a}+2\vec{b}$ が直交するとき，$\vec{a}$ と $\vec{b}$ のなす角 $\theta\,(0\leqq\theta\leqq\pi)$ を求めよ．

§2 平面ベクトル②

例題 2-1 大きさ2乗

ベクトル $\vec{a}$, $\vec{b}$ について, $|\vec{a}|=2$, $|\vec{b}|=1$, $|\vec{a}+3\vec{b}|=3$ とする.
(1) 内積 $\vec{a}\cdot\vec{b}$ の値を求めよ.
(2) $|2\vec{a}+\vec{b}|$ を求めよ.
(3) t が実数全体を動くとき $|\vec{a}+t\vec{b}|$ の最小値を求めよ. （慶応義塾大）

例題 2-2 内積・垂線

△OAB において, OA=2, OB=3, AB=4 である. 点 O から辺 AB に下ろした垂線を OH とする. $\overrightarrow{OA}=\vec{a}$, $\overrightarrow{OB}=\vec{b}$ とおくとき, $\overrightarrow{OH}$ を $\vec{a}$, $\vec{b}$ で表せ.

例題 2-3 3角形の面積

△OAB において，$\overrightarrow{OA} = \vec{a}$，$\overrightarrow{OB} = \vec{b}$ とする．$|\vec{a}| = 3$，$|\vec{b}| = 2$，$|\vec{a} - 2\vec{b}| = \sqrt{7}$ のとき

(1) $\vec{a} \cdot \vec{b}$ を求めよ．

(2) △OAB の面積 S_{OAB} を求めよ． （慶応義塾大）

§3　平面ベクトル③

例題 3-1 重心，分点，一直線上

Ⅰ　△OABの辺ABの中点をM，1:2に内分する点をP，1:5に外分する点をQ，また重心をGとする．$\vec{OP}$，$\vec{OQ}$，$\vec{OG}$ を $\vec{OA}$ と $\vec{OB}$ で表せ．

Ⅱ　平行四辺形ABCDの辺BCを3:2に内分する点をE，辺CDを2:k ($k \neq 2$) に外分する点をFとする．

(1)　$\vec{AB} = \vec{b}$，$\vec{AD} = \vec{d}$ とするとき，$\vec{AE}$，$\vec{AF}$ を，$\vec{a}$，$\vec{b}$ と k を用いて表せ．

(2)　3点A，E，Fが一直線上にあるとき，kの値を求めよ．（工学院大）

例題 3-2 延長線との交点

△ABCの辺BC，CAをそれぞれ2:1の比に内分する点をD，Eとし，また，線分ADを3:4の比に内分する点をFとする．線分CFの延長が辺ABと交わる点をGとする．

(1)　3点B，F，Eは同一直線上にあることを証明せよ．また，BF:FEを求めよ．

(2)　AG:GBを求めよ．

例題 3-3 交点のベクトル

△OAB において，辺 OA を 2：3 に内分する点を L，辺 OB を 4：3 に内分する点を M とし，線分 AM と線分 BL の交点を P，線分 OP の延長が辺 AB と交わる点を N とする．$\overrightarrow{OA} = \vec{a}$，$\overrightarrow{OB} = \vec{b}$ として，次の問いに答えよ．

(1) $\overrightarrow{OP}$ を $\vec{a}$ と $\vec{b}$ を用いて表せ．
(3) AN：NB を求めよ．

（立教大）

§4 平面ベクトル④

例題 4-1 始点そろえる

△ABC とその内部にある点 P が，$7\vec{PA}+2\vec{PB}+3\vec{PC}=\vec{0}$ を満たしている．このとき，$\vec{AP}$ は $\vec{AB}$, $\vec{AC}$ を用いて，$\vec{AP}=$ ア□ と表される．また，△PBC，△PCA，△PAB の面積をそれぞれ S_1, S_2, S_3 とすると，$S_1:S_2:S_3=$ イ□ である．　　　　　（関西大）

例題 4-2 分離して2乗

△ABC は点 O を中心とする半径 1 の円に内接していて $3\vec{OA}+4\vec{OB}+5\vec{OC}=\vec{0}$ を満たしているとする．

(1) 内積 $\vec{OA}\cdot\vec{OB}$, $\vec{OB}\cdot\vec{OC}$, $\vec{OC}\cdot\vec{OA}$ を求めよ．

(2) △ABC の面積を求めよ．

例題 4-3 ベクトルの存在範囲

座標平面上に 3 点 O $(0, 0)$, A $(6, 1)$, B $(2, 3)$ がある. 点 P の位置が実数 s, t を用いて, $\overrightarrow{OP} = s\overrightarrow{OA} + t\overrightarrow{OB}$ で表されている. 次の場合について, 点 P の位置または存在範囲を図示せよ.

(1) $s = \dfrac{1}{2}$, $t = \dfrac{1}{2}$ (2) $s + t = 1$, $s \geq 0$, $t \geq 0$

(3) $3s + 2t \leq 1$, $s \geq 0$, $t \geq 0$ (4) $s + t = 2$, $st < 0$ (山梨大)

§5 平面ベクトル⑤

例題 5-1 内心

$AB=8$, $AC=3$, $\cos\angle BAC=-\dfrac{1}{6}$ である△ABC を考え，$\vec{b}=\overrightarrow{AB}$，$\vec{c}=\overrightarrow{AC}$ とおく．
(1) ∠BAC の二等分線と辺 BC との交点を P とするとき，$\overrightarrow{AP}$ を $\vec{b}$，$\vec{c}$ を用いて表せ．
(2) △ABC の内心を I とするとき，$\overrightarrow{AI}$ を $\vec{b}$，$\vec{c}$ を用いて表せ．
(3) △ABC の内接円の半径 r を求めよ． （埼玉大）

例題 5-2 外心

△ABC において，$AB=2$, $AC=3$, $\angle A=60°$, $\overrightarrow{AB}=\vec{b}$, $\overrightarrow{AC}=\vec{c}$ とする．このとき，△ABC の外心を O として，$\overrightarrow{AO}$ を $\vec{b}$ と $\vec{c}$ を用いて表せ．

例題 5-3 垂心

△OAB において，OA = 8，OB = 10，AB = 12 とする．△OAB の垂心を H，$\overrightarrow{OA} = \vec{a}$，$\overrightarrow{OB} = \vec{b}$ とする．

(1) $\vec{a} \cdot \vec{b}$ を求めよ．
(2) $\overrightarrow{OH}$ を $\vec{a}$，$\vec{b}$ を用いて表せ． （慶應義塾大）

§6 平面ベクトル⑥

例題 6-1 ベクトル方程式

ベクトル $\vec{a}$, $\vec{p}$ は次の条件を満たしている.
$$\vec{p}\cdot(\vec{p}-2\vec{a})=1, \quad \vec{a}=(1, 0)$$
このとき，次の問いに答えよ．ただし，$\overrightarrow{OP}=\vec{p}$, $\overrightarrow{OA}=\vec{a}$ を満たす点をそれぞれ P, A とする．

(1) 点 P の軌跡を求めよ．
(2) $|\vec{p}|$ の値の範囲を求めよ．

例題 6-2 図形とベクトル

△OAB において，$\vec{a}=\overrightarrow{OA}$, $\vec{b}=\overrightarrow{OB}$ とする．$|\vec{a}|=3$, $|\vec{b}|=5$, $\cos\angle\text{AOB}=\dfrac{3}{5}$ とする．このとき ∠AOB の 2 等分線と，B を中心とする半径 $\sqrt{10}$ の円との交点の，O を原点とする位置ベクトルを，$\vec{a}$, $\vec{b}$ を用いて表せ．

（京都大）

例題 6-3 三角形の形状決定

各辺の長さが 0 でない三角形 ABC が，
$$(\overrightarrow{AB}\cdot\overrightarrow{AC})\cdot(\overrightarrow{BC}\cdot\overrightarrow{BA})=(\overrightarrow{CA}\cdot\overrightarrow{CB})\cdot(\overrightarrow{AB}\cdot\overrightarrow{AC})$$
を満たすとき，この三角形はどのような三角形か． （埼玉大）

§7 空間ベクトル①

例題 7-1 空間ベクトルの加減・内積

右図の平行六面体において，$\vec{a} = \overrightarrow{OA}$，$\vec{c} = \overrightarrow{OC}$，$\vec{d} = \overrightarrow{OD}$ とし，△ACD と線分 OF の交点を H とする．さらに，四面体 OACD が1辺の長さ1の正四面体であるとする．

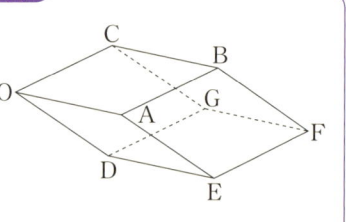

(1) △ACD の重心が点 H に一致することを示し，2つの線分 OH と HF の比 OH：HF を求めよ．

(2) 内積 $\overrightarrow{HE} \cdot \overrightarrow{HF}$ の値を求めよ．

例題 7-2 一次結合・平行・2垂直・大きさ2乗

I $\vec{a} = (1, 1, -5)$，$\vec{b} = (2, 1, 1)$，$\vec{c} = (-1, 0, 1)$ のとき，
$(1, 2, -2) = {}^ア\boxed{}\vec{a} + {}^イ\boxed{}\vec{b} + {}^ウ\boxed{}\vec{c}$ である． （駒沢大）

II $\vec{a} = (2, 1, 3)$ と $\vec{b} = (1, -1, 0)$ の両方に垂直な単位ベクトル $\vec{e}$ を求めよ． （信州大）

III 空間のベクトル $\vec{a} = (1, -1, 2)$，$\vec{b} = (1, 1, -1)$ が与えられている．t がすべての実数をとって変化するとき，$|\vec{a} + t\vec{b}|$ の最小値を求めよ．

例題 7-3 一直線上・面積

Ⅰ　3点 P $(p, 6, -12)$, Q $(-1, -2, 2)$, R $(3, r, -5)$ が一直線上にあるとき，p と r の値をそれぞれ求めよ．

Ⅱ　空間に3点 A $(1, 1, 2)$, B $(1, 3, 1)$, C $(4, 1, 1)$ があるとき，△ABC の面積 S を求めよ．

§8 空間ベクトル②

例題 8-1 共面条件

空間の4点 A $(1, 0, 0)$, B $(0, 1, 0)$, C $(0, 0, 1)$, D $(3, -5, z)$ が同じ平面上にあるとき, z の値を求めよ. （関西大）

例題 8-2 共面と交点

四面体 OABC を考え, $\vec{a} = \overrightarrow{OA}$, $\vec{b} = \overrightarrow{OB}$, $\vec{c} = \overrightarrow{OC}$ とする. また, 線分 OA, OB, OC を 2：1 に内分する点をそれぞれ A′, B′, C′ とし, 直線 BC′ と直線 B′C の交点を D, 3点 A′, B, C を通る平面と直線 AD との交点を E とする.

(1) $\overrightarrow{OD}$ を $\vec{b}$ と $\vec{c}$ で表せ.
(2) $\overrightarrow{OE}$ を $\vec{a}$, $\vec{b}$, $\vec{c}$ で表せ.

例題 8-3 共面垂直条件

空間内に3点 A (1, 0, 0), B (0, 2, 0), C (0, 0, 3) がある.原点 O から三角形 ABC へ下ろした垂線の足を H とするとき,H の座標を求めよ.

（早稲田大）

§9 空間ベクトル③

例題 9-1 直線への垂線

xyz 空間上の 2 点 A $(-3, -1, 1)$, B $(-1, 0, 0)$ を通る直線 l に点 C $(2, 3, 3)$ から下ろした垂線の足 H の座標を求めよ. （京都大）

例題 9-2 空間の動点

xyz 空間内に点 A $(1, 1, 2)$ と点 B $(-5, 4, 0)$ がある. 点 C が y 軸上を動くとき, △ABC の面積 S_{ABC} の最小値を求めよ. （千葉大）

例題 9-3 空間の2直線

座標空間で点 $(3, 4, 0)$ を通りベクトル $\vec{a} = (1, 1, 1)$ に平行な直線を l, 点 $(2, -1, 0)$ を通りベクトル $\vec{b} = (1, -2, 0)$ に平行な直線を m とする. 点 P は直線 l 上を, 点 Q は直線 m 上をそれぞれ勝手に動くとき, 線分 PQ の長さの最小値を求めよ. （京都大）

§10　空間ベクトル④

例題 10-1 空間のベクトル方程式

3点 O$(0, 0, 0)$, A$(1, 0, 0)$, B$\left(\dfrac{1}{2}, \dfrac{\sqrt{3}}{2}, 0\right)$ について

(1) 四面体 OABC が正四面体となるような点 C の座標を求めよ.

(2) (1)の四面体 OABC に対して, $|\overrightarrow{AD} + \overrightarrow{BD} + \overrightarrow{CD}| = 3$ を満たす点 D はどのような図形を描くか.

例題 10-2 球の方程式／球と平面・直線

Ⅰ　半径 r の球面 $(x-1)^2 + (y-2)^2 + (z-3)^2 = r^2$ が yz 平面と共有点をもち, かつ xy 平面と共有点をもたないような r の値の範囲を求めよ.　（関西大）

Ⅱ　2点 A$(10, 2, 5)$, B$(-6, 10, 11)$ を直径の両端とする球面がある.

(1) この球面が, xy 平面から切り取る円の面積を求めよ.

(2) この球面が, z 軸から切り取る線分の長さを求めよ.　（東京大）

例題 10-3 座標設定

　図はある三角錐 V の展開図である．ここで AB=4，AC=3，BC=5，∠ACD=90° で △ABE は正三角形である．

　このとき，V の体積を求めよ．　　　（北海道大）

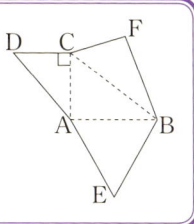

§1 平面ベクトル①

■ ベクトルの加減

- ベクトルの性質
    …「平行移動可能」「寄道可能」
- 「点 A, B, C が一直線上」
    $\Leftrightarrow \overrightarrow{AC} = k\overrightarrow{AB}$ (k は実数)
- $\vec{a} = (a_1, a_2)$ のとき, $|\vec{a}| = \sqrt{a_1^2 + a_2^2}$

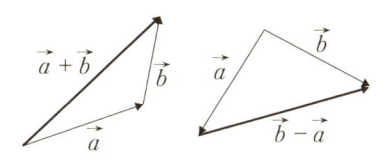

ex $\vec{a} = (1, 3)$, $\vec{b} = (1, 2)$ のとき, $2\vec{a} + 3\vec{b}$ と, その大きさ $|2\vec{a} + 3\vec{b}|$ を求めよ.

$\rightarrow \quad 2\vec{a} + 3\vec{b} = (5, 12), \quad |2\vec{a} + 3\vec{b}| = \sqrt{5^2 + 12^2} = 13$

■ ベクトルの内積

$\vec{a} = (a_1, a_2)$, $\vec{b} = (b_1, b_2)$, なす角 θ ($0° \leq \theta \leq 180°$) として,
$$\vec{a} \cdot \vec{b} = |\vec{a}||\vec{b}|\cos\theta = a_1 b_1 + a_2 b_2$$

- $\vec{a} \perp \vec{b} \Leftrightarrow \vec{a} \cdot \vec{b} = 0$
- $\cos\theta = \dfrac{\vec{a} \cdot \vec{b}}{|\vec{a}||\vec{b}|}$

ex $\vec{a} = (1, 2)$, $\vec{b} = (3, 4)$ のとき, $\vec{a} \cdot \vec{b}$ の値を求めよ.
$\rightarrow \vec{a} \cdot \vec{b} = 1 \cdot 3 + 2 \cdot 4 = 11$

ex $\vec{a} = (1, 2)$, $\vec{b} = (-4, t)$ が垂直のとき, t の値を求めよ.
$\rightarrow \vec{a} \perp \vec{b} \Leftrightarrow \vec{a} \cdot \vec{b} = -4 + 2t = 0 \quad \therefore \quad t = 2$

ex $\vec{a} = (1, 2)$, $\vec{b} = (-3, -1)$ のなす角を求めよ.
$\rightarrow \cos\theta = \dfrac{\vec{a} \cdot \vec{b}}{|\vec{a}||\vec{b}|} = \dfrac{-3-2}{\sqrt{5} \cdot \sqrt{10}} = -\dfrac{1}{\sqrt{2}} \quad \therefore \quad \theta = 135°$

例題 1-1 平面ベクトルの加減

正6角形 ABCDEF がある．正六角形の中心を O，DE の中点を L，AL の中点を M，BC の中点を N，$\overrightarrow{AB} = \vec{b}$，$\overrightarrow{AF} = \vec{f}$ とするとき，

(1) $\overrightarrow{AO}$ を $\vec{b}$，$\vec{f}$ を用いて表せ．
(2) $\overrightarrow{AL}$ を $\vec{b}$，$\vec{f}$ を用いて表せ．
(3) $\overrightarrow{MN}$ を $\vec{b}$，$\vec{f}$ を用いて表せ．
(4) $\vec{f}$ を $\overrightarrow{AL}$，$\overrightarrow{AN}$ を用いて表せ．

● ヒント　平面ベクトルの加減　→　**平行移動可能・寄道可能**の性質を利用しよう！

— ▶ 解答 1 ◀ —

正6角形なので，
$\overrightarrow{FO} = \overrightarrow{OC} = \overrightarrow{ED} = \vec{b}$，$\overrightarrow{BO} = \overrightarrow{OE} = \overrightarrow{CD} = \vec{f}$．

(1) $\overrightarrow{AO} = \overrightarrow{AB} + \overrightarrow{BO} = \vec{b} + \vec{f}$

(2) $\overrightarrow{AO} = \overrightarrow{OD} = \overrightarrow{BC} = \overrightarrow{FE} = \vec{b} + \vec{f}$
$\overrightarrow{AL} = \overrightarrow{AF} + \overrightarrow{FE} + \overrightarrow{EL}$
$= \vec{f} + (\vec{b} + \vec{f}) + \dfrac{1}{2}\vec{b} = \dfrac{3}{2}\vec{b} + 2\vec{f}$

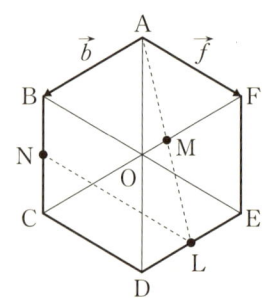

(3) $\overrightarrow{MN} = \overrightarrow{ML} + \overrightarrow{LN} = \overrightarrow{ML} + \overrightarrow{LD} + \overrightarrow{DC} + \overrightarrow{CN}$
$= \dfrac{1}{2}\overrightarrow{AL} + \dfrac{1}{2}\vec{b} + (-\vec{f}) + \dfrac{1}{2}(-\vec{b} - \vec{f}) = \dfrac{3}{4}\vec{b} - \dfrac{1}{2}\vec{f}$

(4) $\overrightarrow{AN} = \overrightarrow{AB} + \overrightarrow{BN} = \vec{b} + \dfrac{1}{2}\overrightarrow{BC} = \vec{b} + \dfrac{1}{2}(\vec{b} + \vec{f}) = \dfrac{3}{2}\vec{b} + \dfrac{1}{2}\vec{f}$

$\therefore \begin{cases} \overrightarrow{AL} = \dfrac{3}{2}\vec{b} + 2\vec{f} & \cdots ① \\ \overrightarrow{AN} = \dfrac{3}{2}\vec{b} + \dfrac{1}{2}\vec{f} & \cdots ② \end{cases}$

①−② より，$\dfrac{2}{3}\vec{f} = \overrightarrow{AL} - \overrightarrow{AN}$

$\therefore \vec{f} = \dfrac{3}{2}(\overrightarrow{AL} - \overrightarrow{AN})$

— ▶ 解答 2 ◀ —

(3) $\overrightarrow{MN} = \overrightarrow{AN} - \overrightarrow{AM} = (\overrightarrow{AB} + \overrightarrow{BN}) - \dfrac{1}{2}\overrightarrow{AL}$
$= \left(\vec{b} + \dfrac{1}{2}(\vec{b} + \vec{f})\right) - \dfrac{1}{2}\left(\dfrac{3}{2}\vec{b} + 2\vec{f}\right) = \dfrac{3}{4}\vec{b} - \dfrac{1}{2}\vec{f}$

解法のポイント

● 1　▶解答2◀ではベクトルの引き算を実行している．
　　ベクトルの引き算は，一般に，

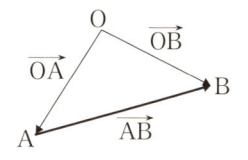

「終点に向かうベクトル」−「始点に向かうベクトル」

として表すことができる．（$\vec{AB} = \vec{OB} - \vec{OA}$）

● 2　「平行移動可能・寄道可能」は**空間ベクトルでも同様**に成り立つ．

● 3　一般に，平面上の任意のベクトル $\vec{p}$ は，1次独立（平行でない，零ベクトルでない）な2つのベクトル $\vec{a}$，$\vec{b}$ で，一意に $\vec{p} = s\vec{a} + t\vec{b}$ の形（1次結合）に表現することができる．

解法のフロー

ベクトルの加減 ▷ 平行移動可能 寄道可能 の性質を利用 ▷ 一次結合の形で表現する

演習 1-1

正六角形 ABCDEF がある．$\vec{AC} = k\vec{AB} + l\vec{AE}$ と表すとき，k，l の値を求めよ．
（慶応義塾大）

例題 1-2 平行・単位ベクトル

(1) 平面上にベクトル $\vec{a}$, $\vec{b}$ があり, $\vec{a}+\vec{b}=(3, 0)$, $\vec{a}-\vec{b}=(1, 2)$ のとき, $2\vec{a}+3\vec{b}=(^{ア}\boxed{}, {}^{イ}\boxed{})$ となり, その大きさは ${}^{ウ}\boxed{}$ となる.

(駒沢大)

(2) $\vec{a}=(3, -2)$, $\vec{b}=(-6, x+1)$ が平行であるとき, x の値を求めよ.

(3) $\vec{a}=(4, -3)$ に平行な単位ベクトルを求めよ.

● ヒント　ベクトルの平行
→ $\vec{b}=k\vec{a}$ (k は実数) が成立することから, 各成分を比較しよう！

── ▶ 解答 ◀ ──────────────

(1) $\vec{a}+\vec{b}=(3, 0)$ …①, $\vec{a}-\vec{b}=(1, 2)$ …②

①+②から　$2\vec{a}=(4, 2)$ ⇔ $\vec{a}=(2, 1)$

①−②から　$2\vec{b}=(2, -2)$ ⇔ $\vec{b}=(1, -1)$

∴ $2\vec{a}+3\vec{b}=(4, 2)+3(1, -1)=(^{ア}7, {}^{イ}-1)$

$|2\vec{a}+3\vec{b}|=\sqrt{7^2+(-1)^2}=\sqrt{50}={}^{ウ}5\sqrt{2}$

(2) $\vec{a} /\!/ \vec{b}$ ⇔ $\vec{b}=k\vec{a}$ (k は実数) …③

⇔ $(-6, x+1)=k(3, -2)$

∴ $\begin{cases} -6=3k \\ x+1=-2k \end{cases}$

これを解いて, $k=-2$

∴ $x=3$

(3) 題意の単位ベクトルを $\vec{e}$ とすると,

$$\vec{e}=\pm\frac{1}{|\vec{a}|}(4, -3)$$

また, $|\vec{a}|=\sqrt{4^2+(-3)^2}=5$ より,

$$\vec{e}=\left(\frac{4}{5}, -\frac{3}{5}\right), \left(-\frac{4}{5}, \frac{3}{5}\right) \quad \cdots ④$$

解法のポイント

● 1　③は，ベクトルの平行条件

$$\lceil \vec{a} \text{ と } \vec{b} \text{ が平行}\rfloor \Leftrightarrow \lceil \vec{b} = k\vec{a} \text{ (k は実数)}\rfloor$$

を用いている．

● 2　あるベクトルに平行な単位ベクトルは，④のように正負の方向に **2通り**があることに注意する．

解法のフロー

あるベクトルに平行なベクトル　▶　平行条件 $\vec{b} = k\vec{a}$ (k は実数) を考える　▶　正負両方がありうることに注意

演習 1-2

I　2つのベクトル $\vec{a} = (1, 2)$, $\vec{b} = (3, 1)$ と実数 t に対して $\vec{p} = \vec{a} + t\vec{b}$ とおくとき，$\vec{p}$ の大きさが5となる t の値と $\vec{p}$ を求めよ． （山形大）

II　$a < 0$ に対して，点 A (a, a), B $(0, a)$ をとる．点 C $(1, 0)$, D $(-2, -1)$ に対して，2つのベクトル $\overrightarrow{CA}$, $\overrightarrow{DB}$ が平行となるときの a の値を求めよ． （明治大）

III　$\vec{a} = (-2, 3)$ に垂直な単位ベクトルを求めよ．

例題 1-3 内積・なす角

(1) $\vec{a} = (2, 1)$, $\vec{b} = (1, 3)$, このとき $\vec{a}$ と $\vec{b}$ のなす角 $\theta (0 \leq \theta \leq \pi)$ を求めよ.

(2) 2つのベクトル $\vec{a} = (1, 3)$, $\vec{b} = (3, -2)$ に対して, $\vec{a} + \vec{b}$ と $\vec{a} + t\vec{b}$ が垂直になるように, 実数 t の値を定めよ.

(3) $|\vec{a}| = 1$, $|\vec{b}| = 2$ であり, $\vec{a} - \vec{b}$ と $5\vec{a} + 2\vec{b}$ が直交するとき, $\vec{a}$ と $\vec{b}$ のなす角 $\theta (0 \leq \theta \leq \pi)$ を求めよ.

● ヒント　2ベクトルのなす角

$\cos \theta = \dfrac{\vec{a} \cdot \vec{b}}{|\vec{a}||\vec{b}|}$ から求めよう！特に垂直のときは内積0(垂直条件)！

──▶解答◀──

(1)
$$\vec{a} \cdot \vec{b} = 2 \times 1 + 1 \times 3 = 5$$
$$|\vec{a}| = \sqrt{2^2 + 1^2} = \sqrt{5}, \quad |\vec{b}| = \sqrt{1^2 + 3^2} = \sqrt{10}$$
$$\therefore \cos \theta = \dfrac{\vec{a} \cdot \vec{b}}{|\vec{a}||\vec{b}|} = \dfrac{5}{\sqrt{5} \times \sqrt{10}} = \dfrac{1}{\sqrt{2}}$$
$0 \leq \theta \leq \pi$ より　$\theta = \dfrac{\pi}{4}$

(2)
$$\vec{a} + \vec{b} = (4, 1), \quad \vec{a} + t\vec{b} = (1 + 3t, 3 - 2t) \quad \cdots ①$$
$\vec{a} + \vec{b} \perp \vec{a} + t\vec{b}$ より
$$(\vec{a} + \vec{b}) \cdot (\vec{a} + t\vec{b}) = 0 \quad \cdots ②$$
$\Leftrightarrow \ 4(1 + 3t) + 1 \cdot (3 - 2t) = 0 \ \Leftrightarrow \ 10t + 7 = 0 \ \therefore \ t = -\dfrac{7}{10}$

(3) $\vec{a} - \vec{b}$ と $5\vec{a} + 2\vec{b}$ が直交するので
$$(\vec{a} - \vec{b}) \cdot (5\vec{a} + 2\vec{b}) = 0 \quad \cdots ③$$
$\Leftrightarrow \ 5|\vec{a}|^2 - 3\vec{a} \cdot \vec{b} - 2|\vec{b}|^2 = 0 \quad \cdots ④$
$|\vec{a}| = 1$, $|\vec{b}| = 2$ であるから
$$5 - 3\vec{a} \cdot \vec{b} - 8 = 0 \ \Leftrightarrow \ \vec{a} \cdot \vec{b} = -1$$
$\therefore \ \cos \theta = \dfrac{\vec{a} \cdot \vec{b}}{|\vec{a}||\vec{b}|} = \dfrac{-1}{1 \cdot 2} = -\dfrac{1}{2}$
$0 \leq \theta \leq \pi$ より　$\theta = \dfrac{2}{3}\pi$

解法のポイント

- **1** (1)は△OABとしてOA$=\sqrt{5}$, OB$=\sqrt{10}$, AB$=\sqrt{5}$ と求め, 余弦定理を用いて$\cos\theta$を導いても解ける.
- **2** ①のように媒介変数tを用いた表現を「**パラメータ表示**」という.
- **3** ②③では, ベクトルの垂直条件

$$\lceil \vec{a} と \vec{b} が垂直\rfloor \Leftrightarrow \lceil \vec{a}\cdot\vec{b}=0\rfloor$$

を用いている.

- **4** ④の計算は, 一般に $(\vec{a}-\vec{b})\cdot(5\vec{a}+2\vec{b})=5|\vec{a}|^2-3|\vec{a}||\vec{b}|-2|\vec{b}|^2$
とはならないことに注意する.
($\vec{a}\cdot\vec{b}=|\vec{a}||\vec{b}|$ すなわち $\vec{a}//\vec{b}$ のときのみ成立)

- **5** (2)はxy座標平面で考えると, $\vec{p}=\vec{a}+t\vec{b}$ なる点Pは右図における直線l_1上の動点であり, $\vec{a}+\vec{b}$ と $\vec{a}+t\vec{b}$ が垂直になるような点Pは直線l_1と直線l_2の交点になるので, 連立して座標を求めてから考えても解ける.

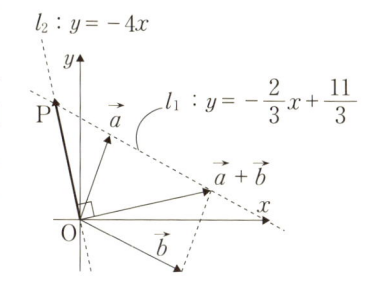

解法のフロー

「なす角」「垂直条件」 ▶ 内積 $\vec{a}\cdot\vec{b}$ と大きさの積 $|\vec{a}||\vec{b}|$ から考える ▶ 特に, **垂直条件** $\vec{a}\perp\vec{b} \Leftrightarrow \vec{a}\cdot\vec{b}=0$ に注意

演習 1-3

I pを正の数とし, ベクトル $\vec{a}=(1, 1)$ と $\vec{b}=(1, -p)$ があるとする. いま, $\vec{a}$ と $\vec{b}$ のなす角が60°のとき, pの値を求めよ. (立教大)

II $\vec{a}=(1, 2)$, $\vec{b}=(-3, -1)$ のとき $\vec{a}$ と $\vec{a}-k\vec{b}$ が直交するとき, $k=\boxed{}$ である.

III 零ベクトルでない2つのベクトル $\vec{a}$, $\vec{b}$ に対して, $\vec{a}+t\vec{b}$ と $\vec{a}+3t\vec{b}$ が垂直であるような実数tがただ1つ存在するとき, $\vec{a}$ と $\vec{b}$ のなす角 θ (0°$\leq\theta\leq$180°) を求めよ. (関西大)

Memo

§2 平面ベクトル②

■ 大きさを2乗

$|\vec{a}|^2 = \vec{a} \cdot \vec{a}$ より，ベクトルの大きさは2乗すると「自身との内積」になる．

ex $|\vec{a}|=2$, $|\vec{b}|=3$, $\vec{a}\cdot\vec{b}=2$ のとき，$|\vec{a}+\vec{b}|$ を求めよ．

→ $|\vec{a}+\vec{b}|^2 = (\vec{a}+\vec{b})\cdot(\vec{a}+\vec{b}) = |\vec{a}|^2 + 2\vec{a}\cdot\vec{b} + |\vec{b}|^2 = 17$

∴ $|\vec{a}+\vec{b}| = \sqrt{17}$

■ 3角形の面積

異なるベクトル $\vec{a}$, $\vec{b}$ で作られる三角形の面積 S は，

$$S = \frac{1}{2}\sqrt{|\vec{a}|^2|\vec{b}|^2 - (\vec{a}\cdot\vec{b})^2}$$

ex 3点 O(0, 0), A(3, 2), B(1, 5) のとき，△OAB の面積を求めよ．

→ $\vec{OA} = (3, 2)$, $\vec{OB} = (1, 5)$

∴ $S_{OAB} = \frac{1}{2}\sqrt{|\vec{OA}|^2|\vec{OB}|^2 - (\vec{OA}\cdot\vec{OB})^2} = \frac{13}{2}$

例題 2-1 大きさ2乗

ベクトル $\vec{a}$, $\vec{b}$ について，$|\vec{a}|=2$，$|\vec{b}|=1$，$|\vec{a}+3\vec{b}|=3$ とする．

(1) 内積 $\vec{a}\cdot\vec{b}$ の値を求めよ．

(2) $|2\vec{a}+\vec{b}|$ を求めよ．

(3) t が実数全体を動くとき $|\vec{a}+t\vec{b}|$ の最小値を求めよ．（慶応義塾大）

● ヒント　$|○\vec{a}+□\vec{b}|=△$ の形の条件式

→ 両辺を2乗して，展開して考えよう！

──▶ 解答 ◀──

(1) $|\vec{a}+3\vec{b}|=3$ の両辺を2乗して

$$|\vec{a}|^2+6\vec{a}\cdot\vec{b}+9|\vec{b}|^2=9 \quad \cdots ①$$

$|\vec{a}|=2$，$|\vec{b}|=1$ を代入して，$2^2+6\vec{a}\cdot\vec{b}+9\cdot 1^2=9$

$$\therefore \vec{a}\cdot\vec{b}=-\frac{2}{3} \quad \cdots ②$$

(2) 2乗すると，

$$|2\vec{a}+\vec{b}|^2=4|\vec{a}|^2+4\vec{a}\cdot\vec{b}+|\vec{b}|^2$$
$$=4\cdot 2^2+4\cdot\left(-\frac{2}{3}\right)+1^2=\frac{41}{3}$$

$$\therefore |2\vec{a}+\vec{b}|=\sqrt{\frac{41}{3}}$$

(3)
$$|\vec{a}+t\vec{b}|^2=|\vec{a}|^2+2t\vec{a}\cdot\vec{b}+t^2|\vec{b}|^2$$
$$=2^2+2t\cdot\left(-\frac{2}{3}\right)+t^2\cdot 1^2$$
$$=t^2-\frac{4}{3}t+4=\left(t-\frac{2}{3}\right)^2+\frac{32}{9}$$

$\therefore$ $|\vec{a}+t\vec{b}|^2$ は $t=\dfrac{2}{3}$ のとき最小値 $\dfrac{32}{9}$．

$|\vec{a}+t\vec{b}|\geqq 0$ であるから，最小値 $|\vec{a}+t\vec{b}|=\dfrac{4\sqrt{2}}{3}$．

解法のポイント

● 1　①は厳密には，
$$|\vec{a}+3\vec{b}|^2 = (\vec{a}+3\vec{b})\cdot(\vec{a}+3\vec{b}) = \vec{a}\cdot\vec{a} + 6\vec{a}\cdot\vec{b} + (3\vec{b})\cdot(3\vec{b})$$
$$= |\vec{a}|^2 + 6\vec{a}\cdot\vec{b} + 9|\vec{b}|^2$$
という計算をしている．

● 2　②のように，ベクトルの**内積の値が負**となるとき，なす角は**鈍角**となっている．（正の場合は鋭角，0のとき垂直）

● 3　本問は，(1)のような誘導がなくても，(3)が解けるようにしておきたい．

● 4　(3)は，条件をみたすように，xy 座標平面で $\vec{a}=\left(-\dfrac{2}{3}, \dfrac{4\sqrt{2}}{3}\right)$, $\vec{b}=(1,0)$ と設定して考えると，$\vec{p}=\vec{a}+t\vec{b}$ なる点 P は，直線 l 上の動点．

よって，$|\vec{p}|=|\vec{a}+t\vec{b}|$ の最小値は $\dfrac{4\sqrt{2}}{3}$ と求まる．

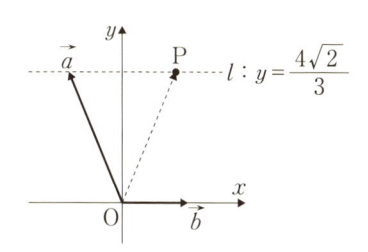

解法のフロー

ベクトルの大きさに関する条件式 → 両辺2乗して展開して考える → それぞれの大きさと内積を求める方向で考えていく

演習 2-1

$\vec{a}$, $\vec{b}$ が，$|2\vec{a}+\vec{b}|=2$, $|3\vec{a}-5\vec{b}|=1$ を満たしている．$\vec{p}=2\vec{a}+\vec{b}$, $\vec{q}=3\vec{a}-5\vec{b}$ とおく．

(1) $\vec{a}$ と $\vec{b}$ をそれぞれ $\vec{p}$ と $\vec{q}$ を用いて表せ．
(2) $\vec{p}\cdot\vec{q}$ のとりうる値の範囲を求めよ．
(3) $|\vec{a}+\vec{b}|$ の最大値と最小値を求めよ．

例題 2-2 内積・垂線

△OAB において，OA = 2，OB = 3，AB = 4 である．点 O から辺 AB に下ろした垂線を OH とする．$\vec{OA} = \vec{a}$，$\vec{OB} = \vec{b}$ とおくとき，$\vec{OH}$ を $\vec{a}$，$\vec{b}$ で表せ．

● ヒント　垂線となるベクトル
→ パラメータ（文字）用いて表現して，**垂直条件**を考えよう！

▶解答 1◀

$|\vec{a}| = 2$，$|\vec{b}| = 3$，$|\vec{AB}| = |\vec{b} - \vec{a}| = 4$ より

$$|\vec{b} - \vec{a}|^2 = |\vec{b}|^2 - 2\vec{a} \cdot \vec{b} + |\vec{a}|^2 = 3^2 - 2\vec{a} \cdot \vec{b} + 2^2 = 16$$

$$\therefore \ \vec{a} \cdot \vec{b} = -\frac{3}{2} \quad \cdots ①$$

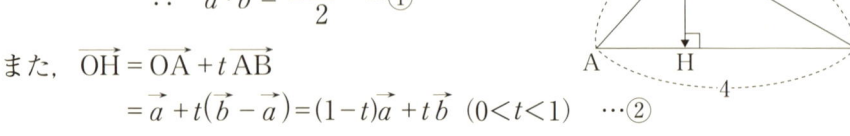

また，$\vec{OH} = \vec{OA} + t\vec{AB}$
$= \vec{a} + t(\vec{b} - \vec{a}) = (1-t)\vec{a} + t\vec{b} \quad (0 < t < 1) \quad \cdots ②$

とおける．

$\vec{OH} \perp \vec{AB} \Leftrightarrow \vec{OH} \cdot \vec{AB} = 0$ より，

$$\vec{OH} \cdot \vec{AB} = \vec{OH} \cdot (\vec{b} - \vec{a}) = \{(1-t)\vec{a} + t\vec{b}\} \cdot (\vec{b} - \vec{a})$$
$$= -(1-t)|\vec{a}|^2 + (1-2t)\vec{a} \cdot \vec{b} + t|\vec{b}|^2$$
$$= 16t - \frac{11}{2} = 0 \Leftrightarrow t = \frac{11}{32}$$

$$\therefore \ \vec{OH} = \frac{21}{32}\vec{a} + \frac{11}{32}\vec{b}$$

▶解答 2◀

AH = x とおくと，△OAH と △OBH において三平方の定理より，

$$OH^2 = 2^2 - x^2 = 3^2 - (4-x)^2 \Leftrightarrow x = \frac{11}{8}$$

よって，AH : HB = $\dfrac{11}{8} : \left(4 - \dfrac{11}{8}\right) = 11 : 21$

$$\therefore \ \vec{OH} = \vec{OA} + \frac{11}{32}\vec{AB} = \vec{a} + \frac{11}{21}(\vec{b} - \vec{a})$$
$$= \frac{21}{32}\vec{a} + \frac{11}{32}\vec{b}$$

解法のポイント

● 1　①で**内積の値が負**になるので，∠AOB は**鈍角**となる．（図を描く前に求めておくと良い）

● 2　②では「寄道可能」の性質を用いて，$\overrightarrow{OH}$ を表している．

● 3　②の表現を，「寄道」からではなく，分点公式から考えると，
「AH：HB を $t:1-t$ とすると，分点の公式より，$\overrightarrow{OH}=(1-t)\vec{a}+t\vec{b}$」
となる．（§3参照）

● 4　$\overrightarrow{AH}$ は，$\overrightarrow{AO}$ の $\overrightarrow{AB}$ への**正射影ベクトル**であるから，〈Appendix ①〉

$$\overrightarrow{AH}=\frac{\overrightarrow{AB}\cdot\overrightarrow{AO}}{|\overrightarrow{AB}|^2}\overrightarrow{AB}=\frac{(\vec{b}-\vec{a})\cdot(-\vec{a})}{16}(\vec{b}-\vec{a})=\frac{\frac{3}{2}+4}{16}(\vec{b}-\vec{a})$$
$$=-\frac{11}{32}\vec{a}+\frac{11}{21}\vec{b}$$

と求めることができる．これを用いると，$\overrightarrow{OH}=\overrightarrow{OA}+\overrightarrow{AH}$ より，$\overrightarrow{OH}$ が簡単に導ける．

解法のフロー

垂線のベクトル　▷　パラメータを用いて表現する　▷　垂直条件からパラメータを決定する

演習 2-2

△ABC において，AB = 5，AC = 4，∠BAC = 60° とする．頂点 A から辺 BC に下ろした垂線と BC との交点を H とし，辺 AC に関する点 B の対称点を点 D とする．$\overrightarrow{AB}=\vec{b}$，$\overrightarrow{AC}=\vec{c}$ とする．
(1)　$\overrightarrow{AH}$ を $\vec{b}$，$\vec{c}$ で表せ．　　(2)　$\overrightarrow{AD}$ を $\vec{b}$，$\vec{c}$ で表せ．

例題 2-3 3角形の面積

△OAB において，$\vec{OA}=\vec{a}$，$\vec{OB}=\vec{b}$ とする．$|\vec{a}|=3$，$|\vec{b}|=2$，$|\vec{a}-2\vec{b}|=\sqrt{7}$ のとき
(1) $\vec{a}\cdot\vec{b}$ を求めよ．
(2) △OAB の面積 S_{OAB} を求めよ． （慶応義塾大）

● ヒント　2ベクトルによって作られる三角形の面積
→ ベクトルの面積公式 $S=\dfrac{1}{2}\sqrt{|\vec{a}|^2|\vec{b}|^2-(\vec{a}\cdot\vec{b})^2}$ を利用しよう！

—▶ 解答 1 ◀—

(1) $|\vec{a}-2\vec{b}|=\sqrt{7}$ から $|\vec{a}-2\vec{b}|^2=|\vec{a}|^2-4\vec{a}\cdot\vec{b}+4|\vec{b}|^2=7$
$|\vec{a}|=3$, $|\vec{b}|=2$ を代入して $9-4\vec{a}\cdot\vec{b}+4\cdot 4=7$ ∴ $\vec{a}\cdot\vec{b}=\dfrac{9}{2}$

(2) $S_{OAB}=\dfrac{1}{2}\sqrt{|\vec{a}|^2|\vec{b}|^2-(\vec{a}\cdot\vec{b})^2}=\dfrac{1}{2}\sqrt{9\cdot 4-\left(\dfrac{9}{2}\right)^2}=\dfrac{3\sqrt{7}}{4}$

—▶ 解答 2 ◀—

(2) (1)より，$\vec{a}\cdot\vec{b}=\dfrac{9}{2}=|\vec{a}||\vec{b}|\cos\angle AOB$ ⇔ $\cos\angle AOB=\dfrac{3}{4}$

∴ $\sin\angle AOB=\sqrt{1-\left(\dfrac{3}{4}\right)^2}=\dfrac{\sqrt{7}}{4}$

よって，$S_{OAB}=\dfrac{1}{2}\cdot 3\cdot 2\cdot\sin\angle AOB=\dfrac{3\sqrt{7}}{4}$

—▶ 解答 3 ◀—

(2) 与条件を図示すると右図のようになる．
図より，△OAC の 3 辺は，3, $\sqrt{7}$, 4.

余弦定理より $\cos\angle AOC=\dfrac{3^2+4^2-\sqrt{7}^2}{2\cdot 3\cdot 4}=\dfrac{3}{4}$

∴ $\sin\angle AOC=\sqrt{1-\left(\dfrac{3}{4}\right)^2}=\dfrac{\sqrt{7}}{4}$

よって，$S_{OAB}=\dfrac{1}{2}\cdot 3\cdot 2\cdot\sin\angle AOC=\dfrac{3\sqrt{7}}{4}$

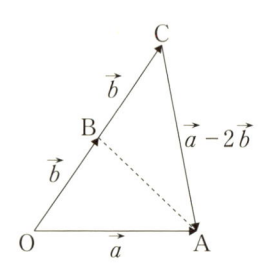

解法のポイント

● 1　ベクトルの面積公式 $S=\dfrac{1}{2}\sqrt{|\vec{a}|^2|\vec{b}|^2-(\vec{a}\cdot\vec{b})^2}$ は，以下の変形で「三角比の面積公式」「座標の面積公式」を導くことができる．

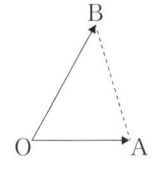

$$\cdot\ S=\dfrac{1}{2}\sqrt{|\vec{a}|^2|\vec{b}|^2-(\vec{a}\cdot\vec{b})^2}=\dfrac{1}{2}|\vec{a}||\vec{b}|\sqrt{1-\cos^2\theta}$$
$$=\dfrac{1}{2}|\vec{a}||\vec{b}|\sin\theta$$

$$\cdot\ S=\dfrac{1}{2}\sqrt{|\vec{a}|^2|\vec{b}|^2-(\vec{a}\cdot\vec{b})^2}=\dfrac{1}{2}\sqrt{(x_1{}^2+y_1{}^2)(x_2{}^2+y_2{}^2)-(x_1x_2+y_1y_2)^2}$$
$$=\dfrac{1}{2}\sqrt{x_1{}^2y_2{}^2+x_2{}^2y_1{}^2-2x_1x_2y_1y_2}$$
$$=\dfrac{1}{2}|x_1y_2-x_2y_1|$$

● 2　ベクトルの面積公式は，**空間における三角形の面積**を求めるときに，特に有効となる．（例題 7-3 Ⅱ参照）

解法のフロー

ベクトルの問題における三角形の面積 ▶ ベクトルの三角形の面積公式を用いる ▶ 公式の証明や，図形的解法も意識する

演習 2-3

Ⅰ　平面上の2つのベクトル $\vec{p}$，$\vec{q}$ が $|\vec{p}+\vec{q}|=\sqrt{13}$，$|\vec{p}-\vec{q}|=1$，$|\vec{p}|=\sqrt{3}$ を満たしている．このとき，$\vec{p}$ と $\vec{q}$ で作られる三角形の面積 S を求めよ．　　　　　　　　　　　　　　　　　　　　　（慶応義塾大）

Ⅱ　半径1の円に内接する△ABCにおいて，$|\overrightarrow{BC}|=\dfrac{6}{5}$，$\overrightarrow{AB}\cdot\overrightarrow{AC}=1$ とする．△ABCの面積 S を求めよ．

Appendix ① ベクトルの内積と正射影ベクトル

■ 正射影ベクトル#

右図において $\overrightarrow{OH}$ を
「$\vec{b}$ の $\vec{a}$ への正射影ベクトル」
といい，

$$\overrightarrow{OH} = \frac{|\overrightarrow{OH}|}{|\vec{a}|}\vec{a} = \frac{|\vec{b}|\cos\theta}{|\vec{a}|}\vec{a}$$
$$= \frac{|\vec{a}||\vec{b}|\cos\theta}{|\vec{a}|^2}\vec{a} = \frac{\vec{a}\cdot\vec{b}}{|\vec{a}|^2}\vec{a}$$

と表される．

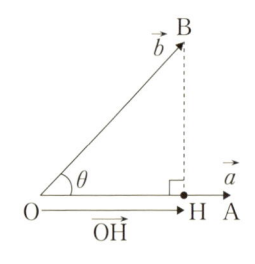

ex 右図において，$|\vec{a}|=4$，$\vec{a}\cdot\vec{b}=6$ のとき，$\overrightarrow{OH}$ を求めよ．

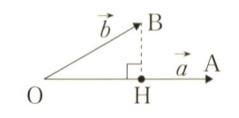

→ $\overrightarrow{OH} = \dfrac{\vec{a}\cdot\vec{b}}{|\vec{a}|^2}\vec{a} = \dfrac{3}{8}\vec{a}$

■ 内積の図形的意味

$\vec{a}$，$\vec{b}$ の内積は，
$$\vec{a}\cdot\vec{b} = |\vec{a}||\vec{b}|\cos\theta$$
で表されるが，この式の
$$|\vec{b}|\cos\theta$$
は，右図の OH の長さを表す． 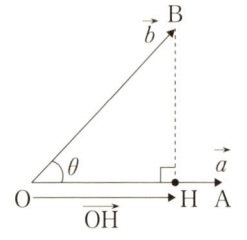
$\overrightarrow{OH}$ は，$\vec{b}$ の $\vec{a}$ への正射影ベクトルであるから
$\vec{a}$，$\vec{b}$ の内積は，
$\vec{a}\cdot\vec{b}=$（「$\vec{a}$ の大きさ」と「$\vec{b}$ の $\vec{a}$ への正射影ベクトルの大きさ」の積）
と捉えることができる．
（この捉え方は 演習 **5-2** (1)の解答で利用している）

§3 平面ベクトル③

■ 分点のベクトル

辺 AB を $m:n$ に内分する点 P のベクトルは，

$$\vec{p} = \frac{n\vec{a} + m\vec{b}}{m+n}$$

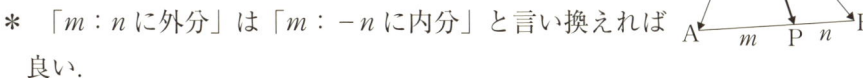

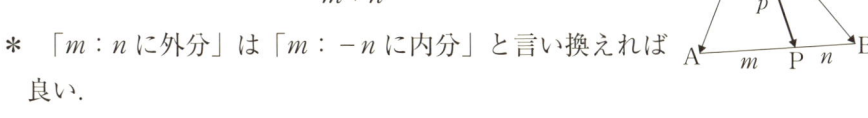

* 「$m:n$ に外分」は「$m:-n$ に内分」と言い換えれば良い．
* 「図形と方程式」における分点公式と同じ形．

ex △OAB の辺 AB を $2:3$ に内分する点を P とするとき，$\overrightarrow{OP}$ を $\overrightarrow{OA}$，$\overrightarrow{OB}$ を用いて表せ．

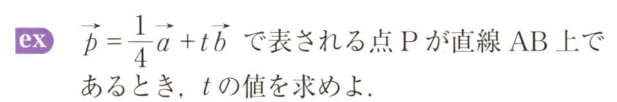

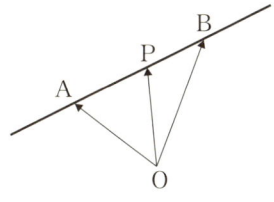

→ $\overrightarrow{OP} = \dfrac{3\overrightarrow{OA} + 2\overrightarrow{OB}}{2+3} = \dfrac{3}{5}\overrightarrow{OA} + \dfrac{2}{5}\overrightarrow{OB}$

■ 共線条件

直線 AB 上に点 P があるとき，$\overrightarrow{OP} = s\overrightarrow{OA} + t\overrightarrow{OB}$ において，$s+t=1$ が成り立つ．

ex $\vec{p} = \dfrac{1}{4}\vec{a} + t\vec{b}$ で表される点 P が直線 AB 上であるとき，t の値を求めよ．

→ $t = 1 - \dfrac{1}{4} = \dfrac{3}{4}$

■ 交点のベクトル

交点のベクトルを求めるときは，交点を基本ベクトルで2通りに表現し，基本ベクトルそれぞれの係数比較をして，係数を決定する．

ex $\vec{a}$，$\vec{b}$ が一次独立で，$\vec{p} = s\vec{a} + 3\vec{b} = 2\vec{a} + t\vec{b}$ が成り立つとき，s，t を求めよ．

→ $s=2$，$t=3$

例題 3-1 重心，分点，一直線上

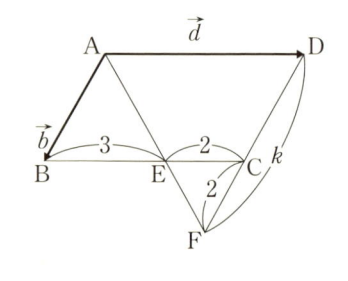

Ⅰ △OABの辺ABの中点をM，1:2に内分する点をP，1:5に外分する点をQ，また重心をGとする．$\vec{OP}$，$\vec{OQ}$，$\vec{OG}$ を $\vec{OA}$ と $\vec{OB}$ で表せ．

Ⅱ 平行四辺形ABCDの辺BCを3:2に内分する点をE，辺CDを2:k ($k \neq 2$)に外分する点をFとする．
(1) $\vec{AB} = \vec{b}$，$\vec{AD} = \vec{d}$ とするとき，$\vec{AE}$，$\vec{AF}$ を，$\vec{a}$，$\vec{b}$ と k を用いて表せ．
(2) 3点A，E，Fが一直線上にあるとき，kの値を求めよ．（工学院大）

● ヒント　Ⅰ　重心のベクトル
　　　　　　　　　→ **中線を2:1に内分**する点であることから考えよう！
　　　Ⅱ　A，E，Fが一直線上 → $\vec{AF} = t\vec{AE}$ （t は実数）を考えよう！

── ▶ 解答 ◀ ──

Ⅰ　分点の公式より，

$$\vec{OP} = \frac{2}{3}\vec{OA} + \frac{1}{3}\vec{OB}, \quad \vec{OQ} = \frac{5}{4}\vec{OA} - \frac{1}{4}\vec{OB}.$$

重心は，中線を2:1に内分する点であるから，

$$\vec{OG} = \frac{2}{3}\vec{OM} = \frac{2}{3}\left(\frac{1}{2}\vec{OA} + \frac{1}{2}\vec{OB}\right) = \frac{1}{3}\vec{OA} + \frac{1}{3}\vec{OB}$$

Ⅱ (1)
$$\vec{AE} = \vec{AB} + \vec{BE} = \vec{b} + \frac{3}{5}\vec{d}$$

$$\vec{AF} = \vec{AD} + \vec{DF} = \frac{k}{k-2}\vec{b} + \vec{d}$$

(2)　A，E，Fが一直線上にあるので，$\vec{AF} = t\vec{AE}$ （t は実数）．

∴ $\dfrac{k}{k-2}\vec{b} + \vec{d} = t\left(\vec{b} + \dfrac{3}{5}\vec{d}\right)$

$\vec{b} \neq \vec{0}$，$\vec{d} \neq \vec{0}$，$\vec{b} \not\parallel \vec{d}$ であるから

$$\frac{k}{k-2} = t, \quad 1 = \frac{3}{5}t$$

これを解いて　$t = \dfrac{5}{3}$，$k = 5$．

解法のポイント

● 1 Ⅰ「1:5 に外分」は「-1:5 に内分」として分点公式を用いている．
一般に「$m:n$ に外分する点」は「$m:-n$ に内分する点」と考えて，同じ公式を用いればよい．

● 2 一般に，△ABC の重心 G の位置ベクトルは $\vec{g} = \dfrac{1}{3}(\vec{a} + \vec{b} + \vec{c})$ と表される．(3 ベクトルの**平均**)

Ⅰ に関しても，$\overrightarrow{OG} = \dfrac{1}{3}(\overrightarrow{OO} + \overrightarrow{OA} + \overrightarrow{OB}) = \dfrac{1}{3}\overrightarrow{OA} + \dfrac{1}{3}\overrightarrow{OB}$ と考えればよい．

● 3 一般に，

「A，B，C が一直線上」 ⇔ 「$\overrightarrow{AC} = k\overrightarrow{AB}$ (k は実数)」

が成り立つ．

あるいは，直線外の任意の点 O を考えて
「A，B，C が一直線上」 ⇔ 「$\overrightarrow{OC} = s\overrightarrow{OA} + t\overrightarrow{OB}$ ($s+t=1$)」 〈**共線条件**〉
とも考えることができる．(**例題 3-3** 参照)

解法のフロー

重心のベクトル → 「重心は，**中線を 2:1 に内分**する点」 → あるいは「3 ベクトルの平均」を考える

演習 3-1

△ABC の辺 AB を 5:2 に内分する点を D，辺 AC を 5:3 に内分する点を E とするとき，線分 DE は△ABC の重心 G を通ることを示せ．また，そのとき DG:GE を求めよ．

例題 3-2 延長線との交点

△ABC の辺 BC, CA をそれぞれ 2:1 の比に内分する点を D, E とし，また，線分 AD を 3:4 の比に内分する点を F とする．線分 CF の延長が辺 AB と交わる点を G とする．
(1) 3点 B, F, E は同一直線上にあることを証明せよ．また，BF:FE を求めよ．
(2) AG:GB を求めよ．

● ヒント　線分 CF の延長と辺 AB との交点 G
→ $\overrightarrow{CG}=k\overrightarrow{CF}$ として $\overrightarrow{BG}$ を表現し，$\overrightarrow{BC}$ の係数に注目しよう！

── ▶ 解答1 ◀ ──

(1) $\overrightarrow{BA}=\vec{a}$, $\overrightarrow{BC}=\vec{c}$ とする．

$$\overrightarrow{BE}=\frac{2}{3}\vec{a}+\frac{1}{3}\vec{c}$$

$$\overrightarrow{BF}=\frac{4}{7}\overrightarrow{BA}+\frac{3}{7}\overrightarrow{BD}=\frac{4}{7}\vec{a}+\frac{3}{7}\left(\frac{2}{3}\vec{c}\right)=\frac{4}{7}\vec{a}+\frac{2}{7}\vec{c}$$

$$\therefore\ \overrightarrow{BF}=\frac{6}{7}\overrightarrow{BE}$$

よって，3点 B, F, E は同一直線上にある．また，BF:FE = 6:1

(2) $\overrightarrow{CF}=\overrightarrow{BF}-\overrightarrow{BC}=\frac{6}{7}\overrightarrow{BE}-\overrightarrow{BC}=\frac{4}{7}\vec{a}-\frac{5}{7}\vec{c}$．また，$\overrightarrow{CG}=k\overrightarrow{CF}$ (k は実数)．

$$\overrightarrow{BG}=\overrightarrow{BC}+\overrightarrow{CG}=\overrightarrow{BC}+k\overrightarrow{CF}=\vec{c}+k\left(\frac{4}{7}\vec{a}-\frac{5}{7}\vec{c}\right)=\frac{4}{7}k\vec{a}+\left(1-\frac{5}{7}k\right)\vec{c}\quad\cdots\text{①}$$

G は辺 AB 上であるから，①における $\vec{c}$ の係数は 0．

$$\therefore\ 1-\frac{5}{7}k=0\ \Leftrightarrow\ k=\frac{7}{5}$$

①に代入して　$\overrightarrow{BG}=\frac{4}{5}\vec{a}$．　∴ AG:GB = 1:4

── ▶ 解答2 ◀ ──

(2) 右図において，チェバの定理より
$$\frac{GB}{AG}\cdot\frac{DC}{BD}\cdot\frac{EA}{CE}=1$$
$$\Leftrightarrow\ \frac{GB}{AG}\cdot\frac{1}{2}\cdot\frac{1}{2}=1\ \Leftrightarrow\ AG:GB=1:4$$

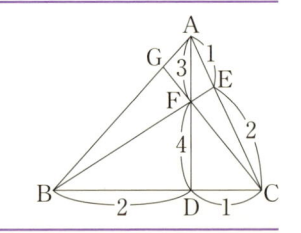

解法のポイント

● 1 ▶解答◀ は B を始点にして，$\vec{a}$, $\vec{c}$ を中心に考えたが，A を始点にして $\overrightarrow{AB}$ と $\overrightarrow{AC}$ と中心に考えていっても同様に解ける．

● 2 (1)前半の同一直線上にあることの証明は「**メネラウスの定理の逆**」でも証明できる．

また，(1)後半の BF : FE も「メネラウスの定理」を用いることで求めることができる．

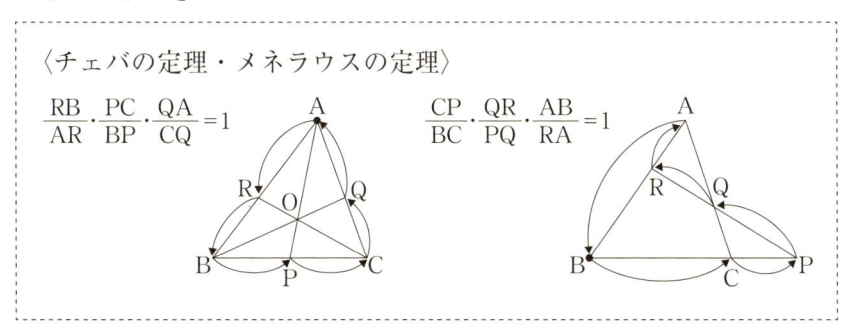

〈チェバの定理・メネラウスの定理〉

$$\frac{RB}{AR} \cdot \frac{PC}{BP} \cdot \frac{QA}{CQ} = 1$$

$$\frac{CP}{BC} \cdot \frac{QR}{PQ} \cdot \frac{AB}{RA} = 1$$

解法のフロー

線分の延長と辺との交点 ▶ パラメータ用いてベクトルを表現 ▶ 辺に無関係なベクトルの係数が 0

演習 3-2

四角形 ABCD があり，$\overrightarrow{AB} = \vec{b}$，$\overrightarrow{AD} = \vec{d}$ とおくとき，頂点 C は $\overrightarrow{AC} = \frac{4}{5}\vec{b} + \frac{3}{5}\vec{d}$ を満たす．

(1) 直線 AB と DC の交点を E，直線 AD と BC の交点を F とする．ベクトル $\overrightarrow{AE}$ と $\overrightarrow{AF}$ を $\vec{b}$ と $\vec{d}$ を用いて表せ．

(2) 線分 BD の中点を Q，線分 EF の中点を R とするとき，ベクトル $\overrightarrow{QR}$ を $\vec{b}$ と $\vec{d}$ を用いて表せ．

(3) 線分 AC の中点を P とするとき，3点 P，Q，R は同一直線上にあることを証明せよ．

例題 3-3 交点のベクトル

△OAB において，辺 OA を $2:3$ に内分する点を L，辺 OB を $4:3$ に内分する点を M とし，線分 AM と線分 BL の交点を P，線分 OP の延長が辺 AB と交わる点を N とする．$\vec{OA}=\vec{a}$，$\vec{OB}=\vec{b}$ として，次の問いに答えよ．

(1) $\vec{OP}$ を $\vec{a}$ と $\vec{b}$ を用いて表せ．

(2) $AN:NB$ を求めよ．

（立教大）

● ヒント　交点のベクトル
→ 交点のベクトルを 2 通りに表現して，係数比較しよう！

― ▶解答◀ ―

(1) $\vec{AP}=s\vec{AM}$ （s は実数）とすると

$\vec{OP}=\vec{OA}+\vec{AP}=\vec{OA}+s\vec{AM}$
$=\vec{OA}+s(\vec{OM}-\vec{OA})=\vec{OA}+s\left(\dfrac{4}{7}\vec{OB}-\vec{OA}\right)$
$=\vec{a}+s\left(\dfrac{4}{7}\vec{b}-\vec{a}\right)=(1-s)\vec{a}+\dfrac{4}{7}s\vec{b}$　…①

$\vec{LP}=t\vec{LB}$ （t は実数）とすると

$\vec{OP}=\vec{OL}+\vec{LP}=\vec{OL}+t\vec{LB}=\vec{OL}+t(\vec{OB}-\vec{OL})$
$=\vec{OL}+t\left(\vec{OB}-\dfrac{2}{5}\vec{OA}\right)=\dfrac{2}{5}\vec{a}+t\left(\vec{b}-\dfrac{2}{5}\vec{a}\right)=\dfrac{2}{5}(1-t)\vec{a}+t\vec{b}$　…②

∴　$(1-s)\vec{a}+\dfrac{4}{7}s\vec{b}=\dfrac{2}{5}(1-t)\vec{a}+t\vec{b}$

ここで，$\vec{a}$，$\vec{b}$ は一次独立なので，
係数を比較して $1-s=\dfrac{2}{5}(1-t)$，$\dfrac{4}{7}s=t$

これを解くと　$s=\dfrac{7}{9}$，$t=\dfrac{4}{9}$　∴　$\vec{OP}=\dfrac{2}{9}\vec{a}+\dfrac{4}{9}\vec{b}$

(2) $\vec{ON}=k\vec{OP}$ （k は実数）とすると　$\vec{ON}=\dfrac{2}{9}k\vec{a}+\dfrac{4}{9}k\vec{b}$

N は直線 AB 上にあるから　$\dfrac{2}{9}k+\dfrac{4}{9}k=1$ ⇔ $k=\dfrac{3}{2}$　…③

よって，$\vec{ON}=\dfrac{1}{3}\vec{a}+\dfrac{2}{3}\vec{b}$ となるので，$AN:NB=2:1$

解法のポイント

● 1　③は**共線条件（係数の和が1）**を考えている．

● 2　一般に，交点のベクトルを求めるときは，
①②のように2つのパラメータを用いて，**2通りで表現**し，係数比較して考える．この考え方は，空間ベクトルでも同様に有効となる．

● 3　△OABで，**チェバの定理**を用いると

$$\frac{\mathrm{LA}}{\mathrm{OL}} \cdot \frac{\mathrm{NB}}{\mathrm{AN}} \cdot \frac{\mathrm{MO}}{\mathrm{BM}} = 1 \quad \text{より，} \mathrm{AN} : \mathrm{NB} = 2 : 1 \text{と求まる．（(2)の答)}$$

また，**メネラウスの定理**を用いると

$$\frac{\mathrm{LA}}{\mathrm{OL}} \cdot \frac{\mathrm{PM}}{\mathrm{AP}} \cdot \frac{\mathrm{BO}}{\mathrm{MB}} = 1 \quad \text{より，} \mathrm{AP} : \mathrm{PM} = 7 : 2 \text{と求まるので，}$$

$\overrightarrow{\mathrm{OP}}$ も求めることができる．（(1)の答)

解法のフロー

交点のベクトル ▷ パラメータを用いて2通りで表現 ▷ 係数比較して，パラメータの値を求める

演習 3-3

三角形OABの2辺OA，OBをそれぞれ3:1，4:1に内分する点をC，Dとし，BCとADの交点をP，CDとOPの交点をQとする．$\overrightarrow{\mathrm{OA}}$，$\overrightarrow{\mathrm{OB}}$ をそれぞれ $\vec{a}$，$\vec{b}$ とおく．
(1) $\overrightarrow{\mathrm{OP}}$ を $\vec{a}$，$\vec{b}$ を使って表せ．(2) $\overrightarrow{\mathrm{OQ}}$ を $\vec{a}$，$\vec{b}$ を使って表せ．（東北大）

Memo

§4 平面ベクトル④

■ 始点をそろえる

未知点を含むベクトルの条件式として方程式が与えられるとき，定点を始点としてそろえて考えることで未知点の場所を定めることができる．

ex $3\overrightarrow{PB} + \overrightarrow{PA} = \overrightarrow{CA}$ なる点 P の位置を定めよ．

→ 始点を A に揃える． $3\overrightarrow{PB} + \overrightarrow{PA} = \overrightarrow{CA} \Leftrightarrow 3(\overrightarrow{AB} - \overrightarrow{AP}) - \overrightarrow{AP} = -\overrightarrow{AC}$

$$\Leftrightarrow \overrightarrow{AP} = \frac{3\overrightarrow{AB} + \overrightarrow{AC}}{4}$$

∴ 点 P は辺 BC を 1:3 に内分する点．

■ 分点の抽出

$\vec{p} = \bigcirc \vec{a} + \square \vec{b}$ の形で表されるとき，係数和が 1 となるように式変形することで点 P の位置を定めることができる．

ex $\vec{p} = \frac{1}{5}\vec{a} + \frac{2}{5}\vec{b}$ なる点 P の位置を定めよ．

→ $\vec{p} = \frac{3}{5}\left(\frac{1}{3}\vec{a} + \frac{2}{3}\vec{b}\right)$, $\vec{q} = \frac{1}{3}\vec{a} + \frac{2}{3}\vec{b}$ とすると，

点 P は線分 OQ を 3:2 に内分する点．

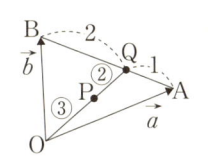

■ ベクトルの存在範囲

一次独立な 2 つのベクトル $\overrightarrow{OA}$, $\overrightarrow{OB}$ について，$\overrightarrow{OP} = s\overrightarrow{OA} + t\overrightarrow{OB}$ で表現される点 P の存在範囲は，係数の関係式や不等式から求めることができる．

ex $\overrightarrow{OP} = s\overrightarrow{OA} + t\overrightarrow{OB}$ のとき，

係数に次の関係が成り立つとき，点 P の存在範囲を求めよ．

(1) $s + t = 1$ → 直線 AB

(2) $s + t = 1$, $s \geq 0$, $t \geq 0$ → 線分 AB

(3) $s + t \leq 1$, $s \geq 0$, $t \geq 0$ → △OAB の周上および内部

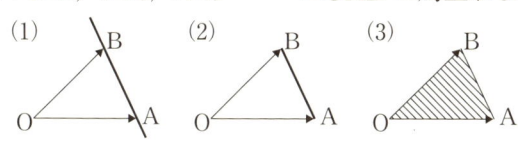

例題 4-1 始点そろえる

△ABC とその内部にある点 P が，$7\overrightarrow{PA} + 2\overrightarrow{PB} + 3\overrightarrow{PC} = \vec{0}$ を満たしている．このとき，$\overrightarrow{AP}$ は $\overrightarrow{AB}$，$\overrightarrow{AC}$ を用いて，$\overrightarrow{AP} = {}^{ア}\boxed{}$ と表される．また，△PBC，△PCA，△PAB の面積をそれぞれ S_1，S_2，S_3 とすると，$S_1 : S_2 : S_3 = {}^{イ}\boxed{}$ である． （関西大）

● ヒント　未知点 P のベクトル　→　始点をそろえて分点の形を抽出しよう！

▶解答 1 ◀

始点を A にそろえると，

$7\overrightarrow{PA} + 2\overrightarrow{PB} + 3\overrightarrow{PC} = \vec{0}$

$\Leftrightarrow -7\overrightarrow{AP} + 2(\overrightarrow{AB} - \overrightarrow{AP}) + 3(\overrightarrow{AC} - \overrightarrow{AP}) = \vec{0}$ $\Leftrightarrow 12\overrightarrow{AP} = 2\overrightarrow{AB} + 3\overrightarrow{AC}$

$\therefore \overrightarrow{AP} = \dfrac{2\overrightarrow{AB} + 3\overrightarrow{AC}}{12} = {}^{ア}\dfrac{1}{6}\overrightarrow{AB} + \dfrac{1}{4}\overrightarrow{AC}$

$\overrightarrow{AP} = \dfrac{5}{12} \cdot \dfrac{2\overrightarrow{AB} + 3\overrightarrow{AC}}{5}$ と変形できるので　…①

辺 BC を 3 : 2 に内分する点を D とすると　$\overrightarrow{AP} = \dfrac{5}{12}\overrightarrow{AD}$

△ABC の面積を S とすると

$S_1 = \dfrac{7}{12} \triangle ABC = \dfrac{7}{12} S$

$S_2 = \dfrac{5}{12} \triangle ADC = \dfrac{5}{12} \cdot \dfrac{2}{5} \cdot \triangle ABC = \dfrac{1}{6} S$

$S_3 = \dfrac{5}{12} \triangle ABD = \dfrac{5}{12} \cdot \dfrac{3}{5} \cdot \triangle ABC = \dfrac{1}{4} S$

$\therefore S_1 : S_2 : S_3 = \dfrac{7}{12} S : \dfrac{1}{6} S : \dfrac{1}{4} S = {}^{イ} 7 : 2 : 3$

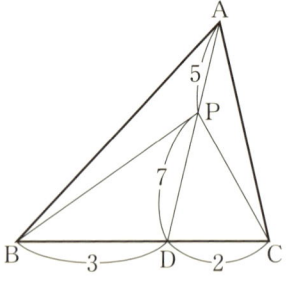

▶解答 2 ◀

$7\overrightarrow{PA} + 2\overrightarrow{PB} + 3\overrightarrow{PC} = \vec{0}$

$\Leftrightarrow 7(\vec{a} - \vec{p}) + 2(\vec{b} - \vec{p}) + 3(\vec{c} - \vec{p}) = \vec{0}$ $\Leftrightarrow \vec{p} = \dfrac{1}{12}(7\vec{a} + 2\vec{b} + 3\vec{c})$

$\Leftrightarrow \vec{p} = \dfrac{1}{12}\left(7\vec{a} + 5\left(\dfrac{2}{5}\vec{b} + \dfrac{3}{5}\vec{c}\right)\right)$ $\Leftrightarrow \vec{p} = \dfrac{7}{12}\vec{a} + \dfrac{5}{12}\left(\dfrac{2}{5}\vec{b} + \dfrac{3}{5}\vec{c}\right)$

辺 BC を 3 : 2 に内分する点を D とすると，点 P は線分 AD を 5 : 7 に内分する点となる． （以下同様）

解法のポイント

● 1　①では，$\dfrac{1}{6} = \dfrac{2}{12}$, $\dfrac{1}{4} = \dfrac{3}{12}$ としたときの分子の和 5 が，分母となるように変形している．〈分点の抽出〉

● 2　▶解答1◀では，始点を A にそろえているが，B や C にそろえても同様に解ける．

● 3　▶解答2◀では，点 A, B, C の位置ベクトルから点 P を表現している．

● 4　一般に，
△ABC とその内部にある点 P が
$$a\overrightarrow{PA} + b\overrightarrow{PB} + c\overrightarrow{PC} = \vec{0}$$
で表されるとき，面積比　△PBC：△PCA：△PAB は，$a:b:c$ となる．

解法のフロー

| $a\overrightarrow{PA}+b\overrightarrow{PB}+c\overrightarrow{PC}=\vec{0}$ の形で表される点 P | → | 始点をそろえて，分点の形を抽出する | → | 図形における辺の比から面積比を導く |

演習 4-1

三角形 ABC の内部の点 P について，$\overrightarrow{AP} + 2\overrightarrow{BP} + 3\overrightarrow{CP} = \vec{0}$ が成り立っているとする．このとき $\overrightarrow{AP}$ を $\overrightarrow{AB}$, $\overrightarrow{AC}$ を用いて表すと $\overrightarrow{AP} = {}^ア\boxed{}$ と表せる．また，直線 CP と直線 AB との交点を Q として，$\overrightarrow{AQ} = k\overrightarrow{AB}$ とすると $k = {}^イ\boxed{}$ である．

（慶応義塾大）

例題 4-2 分離して2乗

△ABC は点 O を中心とする半径 1 の円に内接していて $3\overrightarrow{OA} + 4\overrightarrow{OB} + 5\overrightarrow{OC} = \vec{0}$ を満たしているとする.
(1) 内積 $\overrightarrow{OA}\cdot\overrightarrow{OB}$, $\overrightarrow{OB}\cdot\overrightarrow{OC}$, $\overrightarrow{OC}\cdot\overrightarrow{OA}$ を求めよ.
(2) △ABC の面積を求めよ.

● ヒント　円に内接する3角形のベクトル
→ 1つのベクトルを**分離**して，大きさをとって**2乗**しよう！

――▶ 解答 ◀――

(1) $|\overrightarrow{OA}|=|\overrightarrow{OB}|=|\overrightarrow{OC}|=1$

条件式から $3\overrightarrow{OA} + 4\overrightarrow{OB} = -5\overrightarrow{OC}$ …①

両辺の大きさをとって2乗すると

$|3\overrightarrow{OA} + 4\overrightarrow{OB}|^2 = |-5\overrightarrow{OC}|^2$

$\Leftrightarrow 9|\overrightarrow{OA}|^2 + 24\overrightarrow{OA}\cdot\overrightarrow{OB} + 16|\overrightarrow{OB}|^2 = 25|\overrightarrow{OC}|^2$

$\Leftrightarrow 9 + 24\overrightarrow{OA}\cdot\overrightarrow{OB} + 16 = 25$ ∴ $\overrightarrow{OA}\cdot\overrightarrow{OB} = 0$

同様に $|4\overrightarrow{OB} + 5\overrightarrow{OC}|^2 = |-3\overrightarrow{OA}|^2$, $|3\overrightarrow{OA} + 5\overrightarrow{OC}|^2 = |-4\overrightarrow{OB}|^2$ より

$\overrightarrow{OB}\cdot\overrightarrow{OC} = -\dfrac{4}{5}$, $\overrightarrow{OC}\cdot\overrightarrow{OA} = -\dfrac{3}{5}$

(2) $\overrightarrow{OA}\cdot\overrightarrow{OB} = 0$ から $\angle AOB = 90°$

また $\cos\angle BOC = \dfrac{\overrightarrow{OB}\cdot\overrightarrow{OC}}{|\overrightarrow{OB}||\overrightarrow{OC}|} = -\dfrac{4}{5}$, $\cos\angle COA = \dfrac{\overrightarrow{OC}\cdot\overrightarrow{OA}}{|\overrightarrow{OC}||\overrightarrow{OA}|} = -\dfrac{3}{5}$

∴ $\sin\angle AOB = 1$, $\sin\angle BOC = \sqrt{1-\left(-\dfrac{4}{5}\right)^2} = \dfrac{3}{5}$,

$\sin\angle COA = \sqrt{1-\left(-\dfrac{3}{5}\right)^2} = \dfrac{4}{5}$

また，$\angle AOB = 90°$ であり，$\cos\angle BOC < 0$, $\cos\angle COA < 0$ より $\angle BOC$, $\angle COA$ は鈍角であるから，O は△ABC の内部. …②

∴ △ABC = △OAB + △OBC + △OCA

$= \dfrac{1}{2}|\overrightarrow{OA}||\overrightarrow{OB}|\sin\angle AOB + \dfrac{1}{2}|\overrightarrow{OB}||\overrightarrow{OC}|\sin\angle BOC$

$+ \dfrac{1}{2}|\overrightarrow{OC}||\overrightarrow{OA}|\sin\angle COA = \dfrac{6}{5}$

54

● 解法のポイント

● 1　一般に,「ベクトルの大きさ」についての条件は**2乗して考える**とうまくいくことが多い.

● 2　①のように変形して，大きさをとって2乗するのは,
「$|\vec{OA}|=|\vec{OB}|=|\vec{OC}|=1$ のもとで，2ベクトルの関係を求めたいので，内積の形を作りたい.」という理由からである.

● 3　②で∠BOC，∠COA がもし鈍角でなければ O が△ABC の外部（右図）になるため△ABC の面積は

$$\triangle ABC = \triangle OCA + \triangle OBC - \triangle OAB$$

として求めることとなる.

● 4　$3\vec{OA}+4\vec{OB}+5\vec{OC}=\vec{0}$ ⇔ $\vec{OC}=-\dfrac{7}{5}\left(\dfrac{3}{7}\vec{OA}+\dfrac{4}{7}\vec{OB}\right)$

と変形し，右図のような位置関係を考えてから，余弦定理等で辺の長さを求めていっても可能．（処理はやや多くなる）

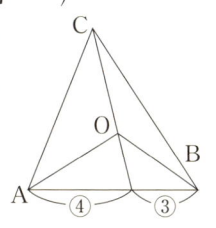

● 解法のフロー

円に内接する3角形のベクトルの条件 → 1つのベクトルを分離して，大きさをとって**両辺2乗する** → 3つの内積を求めて，面積を導く

演習 4-2

点 O 中心，半径 1 の円周上に 3 点 A, B, C があり，$2\vec{OA}+3\vec{OB}+4\vec{OC}=\vec{0}$ を満たしている．直線 OA と直線 BC の交点を P とする．

(1)　BP : PC を求めよ．
(2)　△OBC の面積を求めよ．
(3)　線分 AP，線分 BC の長さを求めよ．

（近畿大）

例題 4-3 ベクトルの存在範囲

座標平面上に3点 O(0, 0), A(6, 1), B(2, 3) がある．点Pの位置が実数 s, t を用いて，$\overrightarrow{OP} = s\overrightarrow{OA} + t\overrightarrow{OB}$ で表されている．次の場合について，点Pの位置または存在範囲を図示せよ．
(1) $s = \dfrac{1}{2}$, $t = \dfrac{1}{2}$　　(2) $s + t = 1$, $s \geq 0$, $t \geq 0$
(3) $3s + 2t \leq 1$, $s \geq 0$, $t \geq 0$　　(4) $s + t = 2$, $st < 0$ 　　　　　(山梨大)

● ヒント　ベクトルの存在範囲

→ 共線条件の形（係数和 1）を作り，点の位置を考えよう！
（あるいは斜交座標の利用も有効！）

――▶ 解答 ◀――

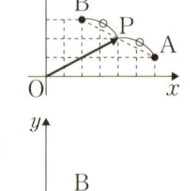

(1) $\overrightarrow{OP} = \dfrac{1}{2}\overrightarrow{OA} + \dfrac{1}{2}\overrightarrow{OB}$
よって，P は線分 AB の中点であり，座標は (4, 2)．

(2) s を消去すると，$\overrightarrow{OP} = (1-t)\overrightarrow{OA} + t\overrightarrow{OB}$ $(0 \leq t \leq 1)$ となるので，点 P は線分 AB を $t : (1-t)$ の比に内分する点．
t は $0 \leq t \leq 1$ となるので，P は線分 AB 上を動く．右図の太線部．

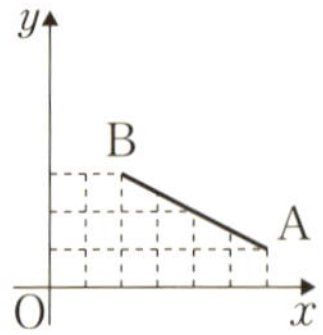

(3) $\overrightarrow{OP} = 3s \cdot \dfrac{1}{3}\overrightarrow{OA} + 2t \cdot \dfrac{1}{2}\overrightarrow{OB}$, $3s + 2t \leq 1$

ここで，$\overrightarrow{OA'} = \dfrac{1}{3}\overrightarrow{OA}$, $\overrightarrow{OB'} = \dfrac{1}{2}\overrightarrow{OB}$, $s' = 3s$, $t' = 2t$ とすると，
$\overrightarrow{OP} = s'\overrightarrow{OA'} + t'\overrightarrow{OB'}$, $s' + t' \leq 1$, $s' \geq 0$, $t' \geq 0$
よって，点 P は △OA'B' の内部または周上を動く．
右図の斜線部分．ただし，境界を含む．

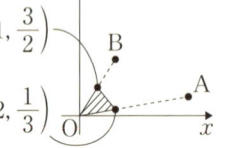

$B'\left(1, \dfrac{3}{2}\right)$　$A'\left(2, \dfrac{1}{3}\right)$

(4) $\overrightarrow{OP} = \dfrac{s}{2} \cdot 2\overrightarrow{OA} + \dfrac{t}{2} \cdot 2\overrightarrow{OB}$, $\dfrac{s}{2} + \dfrac{t}{2} = 1$

ここで，$\overrightarrow{OA''} = 2\overrightarrow{OA}$, $\overrightarrow{OB''} = 2\overrightarrow{OB}$, $s'' = \dfrac{s}{2}$, $t'' = \dfrac{t}{2}$ とすると，
$\overrightarrow{OP} = s''\overrightarrow{OA''} + t''\overrightarrow{OB''}$, $s'' + t'' = 1$, $s''t'' < 0$
よって，点 P は 2点 A", B" を通る直線から線分 A"B"（$s''t'' \geq 0$ となる部分）を除いた部分を動く．右図の太線部．ただし，2点 (4, 6), (12, 2) を除く．

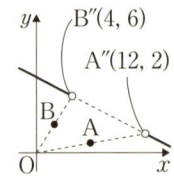

B"(4, 6)　A"(12, 2)

解法のポイント

●1 存在範囲を求めるときは，▶解答◀のように係数和が1になるように工夫して

「$\vec{p} = s\vec{a} + t\vec{b}$ （$s+t=1$）〈共線条件〉」

「$\vec{p} = s\vec{a} + t\vec{b}$ （$0 \leqq s$, $0 \leqq t$, $s+t \leqq 1$）〈3角形の内部（境界含む）〉」

などに帰着させる．

●2 $\vec{a}$ を1目盛りとする X 軸，$\vec{b}$ を1目盛りとする Y 軸から作られる斜交座標を用いると，s, t の条件式を，$s \to X$, $t \to Y$ と書き換えることで，簡単に図示できる．

例えば(4)ならば，

「$X+Y=2$ かつ $XY<0$」

を図示することになる（右図太線部）

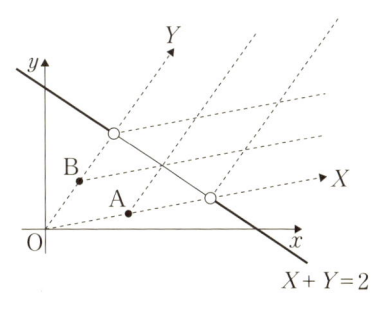

解法のフロー

ベクトルの存在範囲 ▷ 共線条件や3角形の内部の条件の式を作る ▷ あるいは，斜交座標の利用も考える

演習 4-3

平面上に△OABがあり，OA=5, OB=6, AB=7を満たしている．s, t を実数とし，点Pを $\overrightarrow{OP} = s\overrightarrow{OA} + t\overrightarrow{OB}$ によって定める．

(1) s, t が $s \geqq 0$, $t \geqq 0$, $1 \leqq s+t \leqq 2$ を満たすとき，点Pが存在する領域の面積を求めよ．

(2) s, t が $s \geqq 0$, $t \geqq 0$, $1 \leqq 2s+t \leqq 2$, $s+3t \leqq 3$ を満たすとき，点Pが存在する領域の面積を求めよ．

(横浜国大)

Memo

§5 平面ベクトル⑤

■ 三角形の5心のベクトル

・重心 G のベクトル … 中線を 2 : 1 に内分する点． 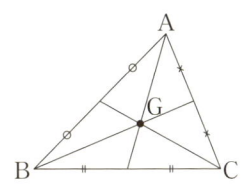
　　　　　　　　　　　3 頂点のベクトルの平均を考える．
$$\vec{OG} = \frac{\vec{OA} + \vec{OB} + \vec{OC}}{3}$$

・内心 I のベクトル … 角の 2 等分線の交点． 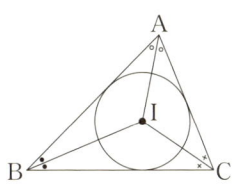
　　　　　　　　　　(側辺比) = (内分比) を考えて，分点の公式を用いる．

（例題 5-1, 演習 5-1）

・外心 O のベクトル … 辺の垂直 2 等分線の交点． 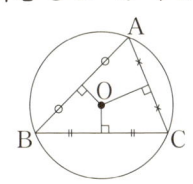
　　　　　　　　　　O から各辺の中点に下ろした線が，それぞれの辺に垂直であることを用いる．

（例題 5-2, 演習 5-2）

・垂心 H のベクトル … 3 つの垂線の交点． 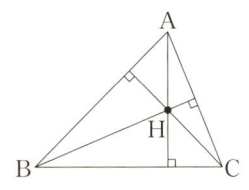
　　　　　　　　　　メネラウスの定理などから垂線の内分比を求め，分点の公式を用いる．

（例題 5-3, 演習 5-3）

・傍心 E のベクトル … 1 内角の 2 等分線と 2 外角の 2 等分線の交点． 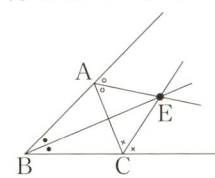
　　　　　　　　　　角の 2 等分線上の点をベクトルを表し，2 つの 2 等分線の交点を考える．

（発展演習 5）

例題 5-1 内心

$AB=8$, $AC=3$, $\cos\angle BAC=-\dfrac{1}{6}$ である $\triangle ABC$ を考え，$\vec{b}=\overrightarrow{AB}$, $\vec{c}=\overrightarrow{AC}$ とおく．

(1) $\angle BAC$ の二等分線と辺 BC との交点を P とするとき，$\overrightarrow{AP}$ を $\vec{b}$, $\vec{c}$ を用いて表せ．

(2) $\triangle ABC$ の内心を I とするとき，$\overrightarrow{AI}$ を $\vec{b}$, $\vec{c}$ を用いて表せ．

(3) $\triangle ABC$ の内接円の半径 r を求めよ． （埼玉大）

● ヒント　内心のベクトル → **角の2等分線の性質**から，内分比を求めて，ベクトルで表現していこう！

— ▶ 解答 ◀ —

(1) AP は $\angle BAC$ の二等分線であるから　$BP:PC=AB:AC=8:3$.

$$\therefore\ \overrightarrow{AP}=\dfrac{3}{11}\vec{b}+\dfrac{8}{11}\vec{c}$$

(2) $\vec{b}\cdot\vec{c}=|\vec{b}||\vec{c}|\cos\angle BAC=-4$ より，
$BC^2=|\vec{c}-\vec{b}|^2=|\vec{c}|^2-2\vec{b}\cdot\vec{c}+|\vec{b}|^2=81$　…①

$$\therefore\ BC=9$$

よって　$BP=\dfrac{8}{11}BC=\dfrac{72}{11}$

BI は $\angle ABC$ の二等分線であるから

$AI:IP=BA:BP=8:\dfrac{72}{11}=11:9$

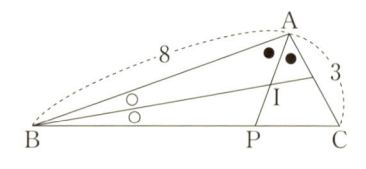

$$\therefore\ \overrightarrow{AI}=\dfrac{11}{11+9}\overrightarrow{AP}=\dfrac{3}{20}\vec{b}+\dfrac{2}{5}\vec{c}$$

(3) $\triangle ABC=\dfrac{1}{2}(AB+BC+CA)r=\dfrac{1}{2}(8+9+3)r=10r$　…②

$BC^2=|\vec{c}-\vec{b}|^2=|\vec{c}|^2-2\vec{b}\cdot\vec{c}+|\vec{b}|^2=81$, $|\vec{b}|=8$, $|\vec{c}|=3$ より，

$$\vec{b}\cdot\vec{c}=-4.$$

$$\therefore\ \triangle ABC=\dfrac{1}{2}\sqrt{|\vec{b}|^2|\vec{c}|^2-(\vec{b}\cdot\vec{c})^2}=2\sqrt{35}\ \text{…③}$$

②，③より，$10r=2\sqrt{35}\ \Leftrightarrow\ r=\dfrac{\sqrt{35}}{5}$

解法のポイント

● 1　①に関しては，余弦定理から BC の長さを求めてもよい．

　　③は，$\sin \angle BAC = \sqrt{1 - \cos^2 \angle BAC} = \dfrac{\sqrt{35}}{6}$，

　　$\triangle ABC = \dfrac{1}{2} \cdot AB \cdot AC \sin \angle BAC = 2\sqrt{35}$ として求めてもよい．

● 2　②は，三角形の面積公式 $S = \dfrac{1}{2} r(a+b+c)$ を考えている．

● 3　$\overrightarrow{AH}$ は，$\overrightarrow{AI}$ の $\overrightarrow{AB}$ への正射影ベクトルなので

$$\overrightarrow{AH} = \dfrac{\overrightarrow{AI} \cdot \vec{b}}{|\vec{b}|^2} \vec{b} = \dfrac{1}{61}\left(\dfrac{3}{20}|\vec{b}|^2 + \dfrac{2}{5}\vec{b}\cdot\vec{c}\right)\vec{b} = \dfrac{1}{8}\vec{b}$$

$$\overrightarrow{IH} = \overrightarrow{AH} - \overrightarrow{AI} = -\dfrac{1}{40}\vec{b} - \dfrac{2}{5}\vec{c}$$

$$|\overrightarrow{IH}|^2 = \dfrac{1}{1600}|\vec{b}|^2 + \dfrac{1}{50}\vec{b}\cdot\vec{c} + \dfrac{4}{25}|\vec{c}|^2 = \dfrac{7}{5} = r^2 \quad \text{より求めてもよい．}$$

● 4　接線の長さが等しいことから

　　$AE = AD$, $BF = BE$, $CD = CF$.

　　この関係より $AE = 1$ を求め，これと $|\overrightarrow{AI}|$, 三平方の定理より $IE = r$ を求めてもよい．

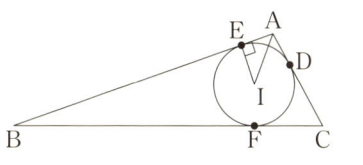

解法のフロー

内心のベクトル ▶ 角の2等分線の性質より内分比を求める ▶ ベクトルの分点公式より表現する

演習 5-1

3角形 ABC において，$BC = a$, $CA = b$, $AB = c$ とする．3角形 ABC の内心を I とするとき，$\overrightarrow{AI}$ を a, b, c を用いて，$\overrightarrow{AB}$, $\overrightarrow{AC}$ で表せ．

例題 5-2 外心

$\triangle ABC$ において，$AB=2$，$AC=3$，$\angle A=60°$，$\vec{AB}=\vec{b}$，$\vec{AC}=\vec{c}$ とする．このとき，$\triangle ABC$ の外心を O として，$\vec{AO}$ を $\vec{b}$ と $\vec{c}$ を用いて表せ．

● ヒント　外心のベクトル → 3辺の**垂直二等分線**の交点であることを利用しよう！

▶解答1◀

辺 AB，AC の中点をそれぞれ E，D とする．
$\vec{b}$，$\vec{c}$ は一次独立であるから，$\vec{AO}=s\vec{b}+t\vec{c}$ と表される．
$$|\vec{b}|=2,\ |\vec{c}|=3,\ \vec{b}\cdot\vec{c}=2\cdot 3\cdot\cos 60°=3 \quad \cdots ①$$

外心 O は各辺の垂直二等分線の交点であるから
$$\vec{OE}\perp\vec{b}\ \ \text{かつ}\ \ \vec{OD}\perp\vec{c}$$
$$\Leftrightarrow \left(\vec{AO}-\frac{1}{2}\vec{b}\right)\perp\vec{b}\ \ \text{かつ}\ \ \left(\vec{AO}-\frac{1}{2}\vec{c}\right)\perp\vec{c}$$
$$\Leftrightarrow \begin{cases}\left\{\left(s-\dfrac{1}{2}\right)\vec{b}+t\vec{c}\right\}\cdot\vec{b}=0 \\ \left\{s\vec{b}+\left(t-\dfrac{1}{2}\right)\vec{c}\right\}\cdot\vec{c}=0\end{cases} \Leftrightarrow \begin{cases}4s+3t=2 \\ 3s+9t=\dfrac{9}{2}\end{cases} \Leftrightarrow s=\dfrac{1}{6},\ t=\dfrac{4}{9}$$

$$\therefore\ \vec{AO}=\frac{1}{6}\vec{b}+\frac{4}{9}\vec{c}$$

▶解答2◀

（①まで同様）

$$\vec{b}\cdot\vec{AO}=\vec{b}\cdot(s\vec{b}+t\vec{c})=s|\vec{b}|^2+t\vec{b}\cdot\vec{c}=4s+3t$$
$$\vec{c}\cdot\vec{AO}=\vec{c}\cdot(s\vec{b}+t\vec{c})=s\vec{b}\cdot\vec{c}+t|\vec{c}|^2=3s+9t$$

一方，
$$\vec{b}\cdot\vec{AO}=|\vec{b}||\vec{AO}|\cos\angle OAE=|\vec{b}||\vec{AE}|=2\cdot 1=2 \quad \cdots ②$$
$$\vec{c}\cdot\vec{AO}=|\vec{c}||\vec{AO}|\cos\angle OAD=|\vec{c}||\vec{AD}|=3\cdot\frac{3}{2}=\frac{9}{2} \quad \cdots ③$$

より，
$$\therefore\ \begin{cases}4s+3t=2 \\ 3s+9t=\dfrac{9}{2}\end{cases} \Leftrightarrow s=\frac{1}{6},\ t=\frac{4}{9} \quad \therefore\ \vec{AO}=\frac{1}{6}\vec{b}+\frac{4}{9}\vec{c}$$

解法のポイント

● 1 　▶解答2◀ ②③は，一般に「ベクトルの内積」
が以下のように解釈できることを利用している．
$$\vec{OA} \cdot \vec{OB} = |\vec{OA}||\vec{OB}|\cos\theta = |\vec{OA}||\vec{OH}|$$
〈Appendix ①〉

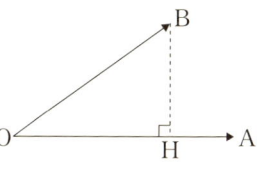

● 2 　$\vec{AO} = s\vec{b} + t\vec{c}$, $\vec{BO} = (s-1)\vec{b} + t\vec{c}$, $\vec{CO} = s\vec{b} + (t-1)\vec{c}$
と表し，$|\vec{AO}| = |\vec{BO}| = |\vec{CO}|$ から s, t を求めてもよい．（処理はやや多くなる）

● 3 　$\vec{AO}$ の $\vec{b}$ への正射影　$\dfrac{\vec{b} \cdot \vec{AO}}{|\vec{b}|^2} = \dfrac{1}{2}$,

　　$\vec{AO}$ の $\vec{c}$ への正射影　$\dfrac{\vec{c} \cdot \vec{AO}}{|\vec{c}|^2} = \dfrac{1}{2}$

という条件から s, t を求めてもよい．
（「正射影」とは，正射影ベクトルにおける係数のことをいう）

解法のフロー

外心のベクトル → 外心のベクトルを $\vec{AO} = s\vec{b} + t\vec{c}$ とおく → 外心と辺の中点を結ぶ直線が，辺と垂直である条件を用いる

演習 5-2

点 O を中心とする円に四角形 ABCD が内接していて，次を満たす．
$$AB = 1, \quad BC = CD = \sqrt{6}, \quad DA = 2$$

(1) AC を求めよ．
(2) $\vec{AO} \cdot \vec{AD}$ および $\vec{AO} \cdot \vec{AC}$ を求めよ．
(3) $\vec{AO} = x\vec{AC} + y\vec{AD}$ となる x, y の値を求めよ．　　（一橋大）

例題 5-3 垂心

△OAB において，OA = 8，OB = 10，AB = 12 とする．△OAB の垂心を H，$\overrightarrow{OA} = \vec{a}$，$\overrightarrow{OB} = \vec{b}$ とする．

(1) $\vec{a} \cdot \vec{b}$ を求めよ．

(2) $\overrightarrow{OH}$ を $\vec{a}$，$\vec{b}$ を用いて表せ．

（慶應義塾大）

● ヒント　垂心のベクトル
→ ベクトルの**垂直条件**を利用しよう！（垂直 ⇔ 内積 0）

── ▶解答 1◀ ──

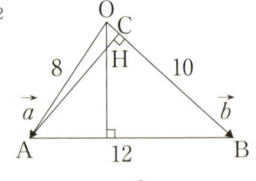

(1) $|\overrightarrow{AB}|^2 = |\vec{b} - \vec{a}|^2 = |\vec{b}|^2 - 2\vec{a} \cdot \vec{b} + |\vec{a}|^2 = 12^2$

⇔ $10^2 - 2\vec{a} \cdot \vec{b} + 8^2 = 144$ ⇔ $\vec{a} \cdot \vec{b} = 10$

(2) $\overrightarrow{OH} = s\overrightarrow{OA} + t\overrightarrow{OB}$ とおく．

$\overrightarrow{OH} \perp \overrightarrow{AB}$ ⇔ $\overrightarrow{OH} \cdot \overrightarrow{AB} = 0$

∴ $(s\vec{a} + t\vec{b}) \cdot (\vec{b} - \vec{a}) = 0$ ⇔ $-s|\vec{a}|^2 + (s-t)\vec{a} \cdot \vec{b} + t|\vec{b}|^2 = 0$

⇔ $-3s + 5t = 0$ …①

$\overrightarrow{AH} \perp \overrightarrow{OB}$ ⇔ $\overrightarrow{AH} \cdot \overrightarrow{OB} = 0$ ⇔ $(\overrightarrow{OH} + \overrightarrow{OA}) \cdot \overrightarrow{OB} = 0$

∴ $((s-1)\vec{a} + t\vec{b}) \cdot \vec{b} = 0$ ⇔ $(s-1)\vec{a} \cdot \vec{b} + t|\vec{b}|^2 = 0$

⇔ $s + 10t = 1$ …②

①，②より $s = \dfrac{1}{7}$，$t = \dfrac{3}{35}$ ∴ $\overrightarrow{OH} = \dfrac{1}{7}\vec{a} + \dfrac{3}{35}\vec{b}$

── ▶解答 2◀ ──

(2) $\overrightarrow{OC}$ は $\overrightarrow{OA}$ の $\overrightarrow{OB}$ への正射影ベクトルであるから

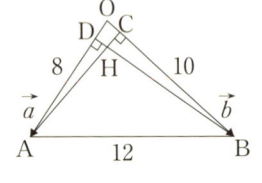

$\overrightarrow{OC} = \dfrac{\vec{b} \cdot \vec{a}}{|\vec{b}|^2}\vec{b} = \dfrac{1}{10}\vec{b}$ ∴ OC : CB = 1 : 9

$\overrightarrow{OD}$ は $\overrightarrow{OB}$ の $\overrightarrow{OA}$ への正射影ベクトルであるから

$\overrightarrow{OD} = \dfrac{\vec{a} \cdot \vec{b}}{|\vec{a}|^2}\vec{a} = \dfrac{5}{32}\vec{a}$ ∴ OD : DA = 5 : 27

メネラウスの定理より，$\dfrac{DA}{OD} \cdot \dfrac{HC}{AH} \cdot \dfrac{BO}{CB} = 1$ ⇔ $\dfrac{27}{5} \cdot \dfrac{HC}{AH} \cdot \dfrac{10}{9} = 1$

∴ AH : HC = 6 : 1

∴ $\overrightarrow{OH} = \dfrac{1}{7}\vec{a} + \dfrac{6}{7}\overrightarrow{OC} = \dfrac{1}{7}\vec{a} + \dfrac{3}{35}\vec{b}$

解法のポイント

● 1 ▶解答2◀ では正射影ベクトルを用いたが，3辺の長さから**余弦定理を用いて** $\cos\angle \mathrm{AOB}$ を求め，
$$\mathrm{OC} = \mathrm{OA} \cos\angle \mathrm{AOB}, \quad \mathrm{OD} = \mathrm{OB} \cos\angle \mathrm{AOB},$$
として長さを求めて，内分比を導いてもよい．

● 2 ▶解答1◀ よりも，**正射影ベクトル**を利用した ▶解答2◀ の方が，大幅にカンタンに解けるので，是非理解しておきたい．

● 3 垂心については重心，外心との関係を理解しておくとよい．〈Appendix ②〉

解法のフロー

垂心のベクトル ▶ 垂心のベクトルを $\overrightarrow{\mathrm{AH}} = s\vec{b} + t\vec{c}$ とおく ▶ **垂直条件×2** から $s,\ t$ の値を導く

演習 5-3

三角形 ABC において，$|\overrightarrow{\mathrm{AB}}|=6$，$|\overrightarrow{\mathrm{AC}}|=5$，$|\overrightarrow{\mathrm{BC}}|=4$ である．辺 AC 上の点 D は BD⊥AC を満たし，辺 AB 上の点 E は CE⊥AB を満たす．CE と BD の交点を H とする．
(1) $\overrightarrow{\mathrm{AD}} = r\overrightarrow{\mathrm{AC}}$ となる実数 r を求めよ．
(2) $\overrightarrow{\mathrm{AH}} = s\overrightarrow{\mathrm{AB}} + t\overrightarrow{\mathrm{AC}}$ となる実数 $s,\ t$ を求めよ． （一橋大）

Appendix ② 重心と外心と垂心

■ **外心 O と垂心 H**

$\triangle$ABC の外心を O,垂心を H,
$\vec{a} = \overrightarrow{OA}$, $\vec{b} = \overrightarrow{OB}$, $\vec{c} = \overrightarrow{OC}$ とすると,

$$\overrightarrow{OH} = \vec{a} + \vec{b} + \vec{c}$$

が成り立つ.

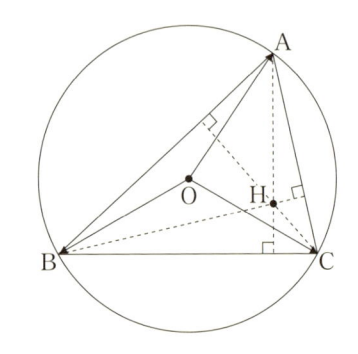

(証明)
$\overrightarrow{OH} = \vec{a} + \vec{b} + \vec{c}$ で表される点を H とすると,
$\overrightarrow{AH} = \overrightarrow{OH} - \overrightarrow{OA} = \vec{b} + \vec{c}$, $\overrightarrow{BC} = \overrightarrow{OC} - \overrightarrow{OB} = \vec{c} - \vec{b}$
$\overrightarrow{AH} \cdot \overrightarrow{BC} = (\vec{b} + \vec{c}) \cdot (\vec{c} - \vec{b}) = |\vec{c}|^2 - |\vec{b}|^2 = 0$
$(\because |\vec{b}| = |\vec{c}| = (外接円の半径))$

同様に,$\overrightarrow{BH} \cdot \overrightarrow{AC} = 0$, $\overrightarrow{CH} \cdot \overrightarrow{AB} = 0$ が成り立つので,H は垂心.

■ **重心 G と外心 O と垂心 H の位置関係**

$\triangle$ABC の重心を G,外心を O,垂心を H,
$\vec{a} = \overrightarrow{OA}$, $\vec{b} = \overrightarrow{OB}$, $\vec{c} = \overrightarrow{OC}$ とすると,
$\overrightarrow{OG} = \dfrac{1}{3}\vec{a} + \dfrac{1}{3}\vec{b} + \dfrac{1}{3}\vec{c}$, $\overrightarrow{OH} = \vec{a} + \vec{b} + \vec{c}$
であるから
$$\overrightarrow{OH} = 3\overrightarrow{OG}$$
が成り立つ.以上より,

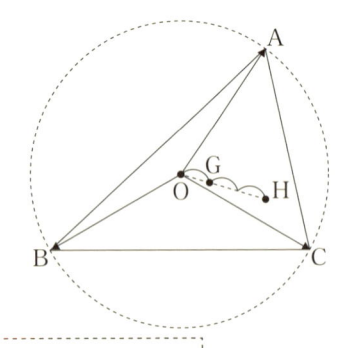

一般に,$\triangle$ABC の重心を G,外心を O,垂心を H とすると,
$$OG : GH = 1 : 2$$

が成り立つ.

§6　平面ベクトル⑥

■ ベクトル方程式

代表的なベクトル方程式は以下のようなものがある．

- $\vec{p} = \vec{a} + t\vec{d}$ → 点Pは，定点Aを通る方向ベクトル $\vec{d}$ の直線上の点
- $|\vec{p} - \vec{a}| = r$ → 点Pは，定点Aを中心とする半径 r の円上の点
- $(\vec{p} - \vec{a}) \cdot (\vec{p} - \vec{b}) = 0$
  → 点Pは，定点A，Bを直径の両端とする円上の点

これらは，式が表現している図形的意味を考えることで理解できる．

ex $|\vec{p} - \vec{a}| = 3$ と表される点Pの軌跡を求めよ．

→ 点Aを中心とする半径3の円．

■ 図形とベクトル

ベクトルの問題も，初等幾何的な処理を行った後に，ベクトルの性質を利用することで要領よく解くことができる．また，ベクトルの性質を用いた同値変形で導かれる式の図形的意味を読み解くことで，図形的な性質を求めることもある．

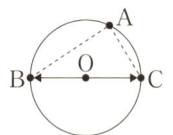

ex △ABCの外心をOとする．$\vec{OB} + \vec{OC} = \vec{0}$ が成り立つとき，△ABCはどのような三角形か．

→ $\vec{OB} + \vec{OC} = \vec{0} \iff \vec{OB} = -\vec{OC}$

右図のようにBCは直径．

∴ △ABCは ∠BAC = 90°の直角三角形

例題 6-1 ベクトル方程式

ベクトル $\vec{a}$, $\vec{p}$ は次の条件を満たしている．
$$\vec{p} \cdot (\vec{p} - 2\vec{a}) = 1, \quad \vec{a} = (1, 0)$$
このとき，次の問いに答えよ．ただし，$\overrightarrow{OP} = \vec{p}$, $\overrightarrow{OA} = \vec{a}$ を満たす点をそれぞれ P, A とする．

(1) 点 P の軌跡を求めよ．
(2) $|\vec{p}|$ の値の範囲を求めよ．

● ヒント　ベクトル方程式
→ 与式を変形して，**直線の形や円の形**にして，式の意味を読み取ろう！

―▶ 解答 1 ◀―

(1) 　　　　　$\vec{p} \cdot (\vec{p} - 2\vec{a}) = 1$
　　　　　$\Leftrightarrow (\vec{p} - \vec{a}) \cdot (\vec{p} - \vec{a}) - |\vec{a}|^2 = 1$
　　　　　$\Leftrightarrow |\vec{p} - \vec{a}|^2 = 1 + |\vec{a}|^2$ 　…①

$|\vec{a}| = 1$ より，$|\vec{p} - \vec{a}|^2 = 2$ ∴ $|\vec{p} - \vec{a}| = \sqrt{2}$ 　…②

よって，点 P の軌跡は中心 $(1, 0)$，半径 $\sqrt{2}$ の円．

(2) 点 P は円 $(x-1)^2 + y^2 = 2$ の周上にあり，$|\vec{p}|$ は線分 OP の長さであるから，最大となるときの点 P は $(1+\sqrt{2}, 0)$，最小となるときの点 P は $(1-\sqrt{2}, 0)$．

∴ $|\vec{p}|$ の値の範囲は　$\sqrt{2} - 1 \leqq |\vec{p}| \leqq \sqrt{2} + 1$

―▶ 解答 2 ◀―

(1) 　$\vec{p} = (X, Y)$ とおくと
　　　$\vec{p} - 2\vec{a} = (X, Y) - 2(1, 0) = (X-2, Y)$
　　　$\vec{p} \cdot (\vec{p} - 2\vec{a}) = 1 \Leftrightarrow X(X-2) + Y^2 = 1$
　∴ $(X-1)^2 + Y^2 = 2$ 　…③

よって，点 P の軌跡は中心 $(1, 0)$，半径 $\sqrt{2}$ の円．

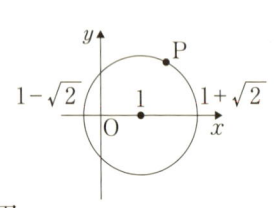

(2) ③より，$Y^2 = 2 - (X-1)^2 \geqq 0 \Leftrightarrow 1-\sqrt{2} \leqq X \leqq 1+\sqrt{2}$ 　…④
　　　$|\vec{p}|^2 = X^2 + Y^2 = X^2 + (2-(X-1)^2) = 2X + 1$

よって，$|\vec{p}|^2$ の最大値は $3 + 2\sqrt{2}$，最小値は $3 - 2\sqrt{2}$
∴ $|\vec{p}|$ の値の範囲は　$\sqrt{2} - 1 \leqq |\vec{p}| \leqq \sqrt{2} + 1$

解法のポイント

● 1　①は「**ベクトルの平方完成**」を行うことで，②のような「**円の形**」を導いている．

● 2　③の式において $X \to x$, $Y \to y$ としたものが軌跡の方程式となる．

● 3　④は実数 Y の存在条件から X の範囲を考えているが，図から X の範囲を考えてもよい．

解法のフロー

ベクトル方程式で表現される点 P　→　与式を**変形して****図形の方程式**を導く　→　$\vec{p} = (X, Y)$ とおく解法の可能性も考える

演習 6-1

平面上の 2 点 A, B の位置ベクトル $\vec{a}$, $\vec{b}$ が，$|\vec{a}|=1$, $|\vec{b}|=2$ を満たし，$\vec{a}$ と $\vec{b}$ のなす角が $60°$ のとき，$2\vec{a}-3\vec{b}$ と $2\vec{a}+\vec{b}$ のなす角を θ とすれば，$\cos\theta = {}^{ア}\boxed{}$ である．また，円のベクトル方程式 $(\vec{p}-2\vec{a}+3\vec{b})\cdot(\vec{p}-2\vec{a}-\vec{b})=0$ で定まる円の半径は，${}^{イ}\boxed{}$ である．このとき，原点 O は，この円の ^{ウ}(内部・周上・外部) である．　　　（明治大）

例題 6-2 図形とベクトル

△OAB において，$\vec{a} = \overrightarrow{OA}$，$\vec{b} = \overrightarrow{OB}$ とする．$|\vec{a}| = 3$，$|\vec{b}| = 5$，$\cos\angle AOB = \dfrac{3}{5}$ とする．このとき $\angle AOB$ の 2 等分線と，B を中心とする半径 $\sqrt{10}$ の円との交点の，O を原点とする位置ベクトルを，$\vec{a}$，$\vec{b}$ を用いて表せ． (京都大)

● ヒント　図形とベクトル
→ 出来る限り**初等幾何**を考えてからベクトルで処理しよう！

――▶ 解答 ◀――

$\angle AOB$ の 2 等分線と辺 AB の交点を C とすると角の 2 等分線の性質から
$$AC : BC = OA : OB = 3 : 5 \quad \cdots ①$$
求める交点を P とすると，
$$\overrightarrow{OP} = k\overrightarrow{OC} = k\left(\dfrac{5}{8}\vec{a} + \dfrac{3}{8}\vec{b}\right) \ (k\text{ は実数})．$$
$$\overrightarrow{BP} = \overrightarrow{OP} - \overrightarrow{OB} = \dfrac{5}{8}k\vec{a} + \left(\dfrac{3}{8}k - 1\right)\vec{b}$$
点 P は B を中心とする半径 $\sqrt{10}$ の円上の点であるから，
$$|\overrightarrow{BP}|^2 = 10$$
$$\Leftrightarrow \dfrac{1}{64}\left(25k^2|\vec{a}|^2 + (30k^2 - 80k)\vec{a}\cdot\vec{b} + (9k^2 - 48k + 64)|\vec{b}|^2\right) = 10 \quad \cdots ②$$
$|\vec{a}| = 3$，$|\vec{b}| = 5$，$\vec{a}\cdot\vec{b} = 3\cdot 5\cdot\dfrac{3}{5} = 9$ より

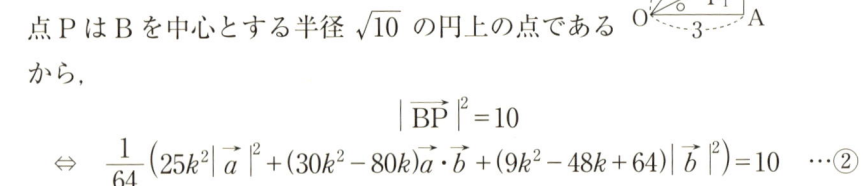

$$② \Leftrightarrow 720k^2 - 1920k + 960 = 0$$
$$\Leftrightarrow 3k^2 - 8k + 4 = 0$$
$$\Leftrightarrow (3k - 2)(k - 2) = 0$$
$$\therefore k = \dfrac{2}{3},\ 2$$

よって，交点は 2 つあり，点 O に近い方から P_1，P_2 とすると，
$$\overrightarrow{OP_1} = \dfrac{1}{12}(5\vec{a} + 3\vec{b}),\quad \overrightarrow{OP_2} = \dfrac{1}{4}(5\vec{a} + 3\vec{b})$$

解法のポイント

● 1　ベクトルの性質から解き始める前に，①のように**初等幾何的な性質**を導いてから考える．

● 2　AB = 4 であり，①より AC = $\dfrac{3}{2}$ であることなどから，右のように**座標を設定**すると，

円の方程式は　$(x-3)^2 + (y-4)^2 = 10$

直線の方程式は　$y = \dfrac{1}{2}x$

となる．

連立方程式を解いて，交点 P_1, P_2 の座標を求め，それぞれの成分を $\vec{a}$, $\vec{b}$ を用いて表してもよい．

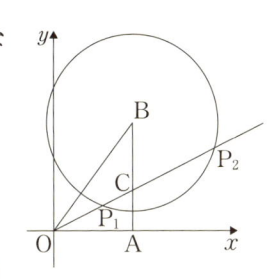

解法のフロー

図形とベクトル　▶　まず，**初等幾何**を用いて考える　▶　ベクトルの性質を利用して解く

演習 6-2

平面上の 3 点 O, A, B は条件 $|\overrightarrow{OA}| = |\overrightarrow{OA} + \overrightarrow{OB}| = |2\overrightarrow{OA} + \overrightarrow{OB}| = 1$ を満たす．

(1)　$|\overrightarrow{AB}|$ および △OAB の面積を求めよ．

(2)　点 P が平面上を $|\overrightarrow{OP}| = |\overrightarrow{OB}|$ を満たしながら動くときの △PAB の面積の最大値を求めよ．

(一橋大)

例題 6-3 三角形の形状決定

各辺の長さが 0 でない三角形 ABC が，
$$(\vec{AB} \cdot \vec{AC}) \cdot (\vec{BC} \cdot \vec{BA}) = (\vec{CA} \cdot \vec{CB}) \cdot (\vec{AB} \cdot \vec{AC})$$
を満たすとき，この三角形はどのような三角形か． （埼玉大）

● ヒント　三角形の形状決定
→ ベクトルの性質を用いて**同値変形**して考えよう！

▶ 解答 ◀

$$(\vec{AB} \cdot \vec{AC}) \cdot (\vec{BC} \cdot \vec{BA}) = (\vec{CA} \cdot \vec{CB}) \cdot (\vec{AB} \cdot \vec{AC})$$
$$\Leftrightarrow (\vec{AB} \cdot \vec{AC}) \cdot (\vec{BC} \cdot \vec{BA} - \vec{CA} \cdot \vec{CB}) = 0$$
$$\therefore \vec{AB} \cdot \vec{AC} = 0 \text{ または } \vec{BC} \cdot \vec{BA} = \vec{CA} \cdot \vec{CB}$$

(ⅰ) $\vec{AB} \cdot \vec{AC} = 0$ のとき
　$\vec{AB} \neq \vec{0}$, $\vec{AC} \neq \vec{0}$ なので，$\vec{AB} \perp \vec{AC}$
　∴ △ABC は ∠A = 90° の直角三角形．

(ⅱ) $\vec{BC} \cdot \vec{BA} = \vec{CA} \cdot \vec{CB}$ のとき
$\vec{BC} \cdot \vec{BA} = \vec{CA} \cdot \vec{CB} \Leftrightarrow (\vec{AC} + \vec{AB}) \cdot (-\vec{AB}) = (-\vec{AC}) \cdot (\vec{AB} - \vec{AC})$
　　　　　　　　　　$\Leftrightarrow -\vec{AC} \cdot \vec{AB} + |\vec{AB}|^2 = -\vec{AC} \cdot \vec{AB} + |\vec{AC}|^2$
　　　　　　　　　　$\Leftrightarrow |\vec{AB}|^2 = |\vec{AC}|^2$
$|\vec{AB}| > 0$, $|\vec{AC}| > 0$ より，$|\vec{AB}| = |\vec{AC}|$
　∴ △ABC は AB = AC の二等辺三角形．

(ⅰ), (ⅱ) より，
△ABC は ∠A = 90° の直角三角形，または AB = AC の二等辺三角形．

解法のポイント

● 1 　三角形の形状決定問題は，与えられた条件式を**同値変形**して，長さや角度に関する条件式を導いていって考えるとよい．

● 2 　一般に，図形のベクトル方程式は次のように図形的に理解できる．

- $\vec{p} = \vec{a} + t\vec{d}$ ⇔ $\overrightarrow{OP} = \overrightarrow{OA} + t\vec{d}$
  → 点 P は，定点 A を通る方向ベクトル $\vec{d}$ の直線上の点

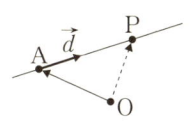

- $|\vec{p} - \vec{a}| = r$ ⇔ $|\overrightarrow{OP} - \overrightarrow{OA}| = |\overrightarrow{AP}| = r$ （一定）
  → 点 P は，定点 A を中心とする半径 r の円上の点

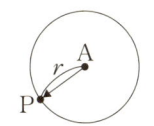

- $(\vec{p} - \vec{a}) \cdot (\vec{p} - \vec{b}) = 0$ ⇔ $(\overrightarrow{OP} - \overrightarrow{OA}) \cdot (\overrightarrow{OP} - \overrightarrow{OB}) = \overrightarrow{AP} \cdot \overrightarrow{BP} = 0$
  ⇔ $\overrightarrow{AP} \perp \overrightarrow{BP}$
  → 点 P は，定点 A，B を直径の両端とする円上の点

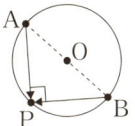

解法のフロー

三角形の形状決定 ▶ ベクトルの性質を用いて**同値変形** ▶ **長さや角度**に関する条件式を導く

演習 6-3

点 O を中心とする円を考える．この円の円周上に 3 点 A，B，C があって，
$$\overrightarrow{OA} + \overrightarrow{OB} + \overrightarrow{OC} = \vec{0}$$
を満たしている．このとき，三角形 ABC は正三角形であることを証明せよ．

（大阪大）

Memo

§7 空間ベクトル①

■ 空間ベクトル

原則，平面ベクトルと同様に演算でき，内積なども求めることができる．
$\vec{a} = (a_1, a_2, a_3)$, $\vec{b} = (b_1, b_2, b_3)$, なす角 $\theta(0° \leq \theta \leq 180°)$ として，
$$\vec{a} \cdot \vec{b} = |\vec{a}||\vec{b}|\cos\theta = a_1 b_1 + a_2 b_2 + a_3 b_3$$

- $\vec{a} \perp \vec{b} \Leftrightarrow \vec{a} \cdot \vec{b} = 0$
- $\cos\theta = \dfrac{\vec{a} \cdot \vec{b}}{|\vec{a}||\vec{b}|}$

ex A $(1, 2, 4)$, B $(2, 5, 6)$, C $(x, y, 10)$ が同一直線上にあるとき，x と y の値を求めよ．

→ $\vec{AC} = k\vec{AB} \Leftrightarrow (x-1, y-2, 6) = k(1, 3, 2)$
$x - 1 = k$, $y - 2 = 3k$, $6 = 2k$ ∴ $x = 4$, $y = 11$

■ 空間における三角形の面積

異なるベクトル $\vec{a}$, $\vec{b}$ で作られる三角形の面積 S は，
$$S = \frac{1}{2}\sqrt{|\vec{a}|^2|\vec{b}|^2 - (\vec{a} \cdot \vec{b})^2}$$

* 平面ベクトルにおける三角形の面積公式と同じである．

ex A $(1, 0, 0)$, B $(0, 3, 0)$, C $(0, 0, 2)$ のとき，△ABC の面積 S を求めよ．

→ $S = \dfrac{1}{2}\sqrt{|\vec{AB}|^2|\vec{AC}|^2 - (\vec{AB} \cdot \vec{AC})^2} = \dfrac{1}{2}\sqrt{50 - 1} = \dfrac{7}{2}$

例題 7-1 空間ベクトルの加減・内積

右図の平行六面体において，$\vec{a} = \overrightarrow{OA}$，$\vec{c} = \overrightarrow{OC}$，$\vec{d} = \overrightarrow{OD}$ とし，△ACD と線分 OF の交点を H とする．さらに，四面体 OACD が 1 辺の長さ 1 の正四面体であるとする．

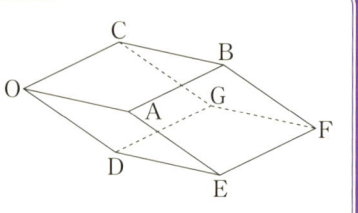

(1) △ACD の重心が点 H に一致することを示し，2 つの線分 OH と HF の比 OH：HF を求めよ．

(2) 内積 $\overrightarrow{HE} \cdot \overrightarrow{HF}$ の値を求めよ．

● ヒント　空間ベクトルの加減　→　平面ベクトルと同様に，**平行移動可能・寄道可能**の性質を利用しよう！

── ▶ 解答 ◀ ──

(1) $\overrightarrow{OF} = \overrightarrow{OA} + \overrightarrow{AB} + \overrightarrow{BF} = \vec{a} + \vec{c} + \vec{d}$

△ACD の重心を I とすると
$\overrightarrow{OI} = \dfrac{1}{3}(\vec{a} + \vec{c} + \vec{d}) = \dfrac{1}{3}\overrightarrow{OF}$ …①

よって，点 I は直線 OF 上．

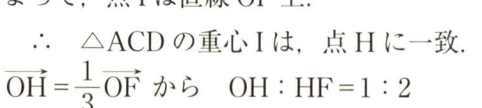

∴ △ACD の重心 I は，点 H に一致．
$\overrightarrow{OH} = \dfrac{1}{3}\overrightarrow{OF}$ から　OH：HF = 1：2

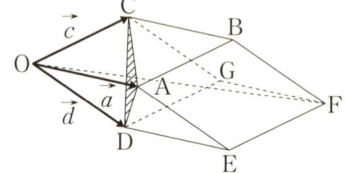

(2) $\overrightarrow{HE} = \overrightarrow{OE} - \overrightarrow{OH} = (\overrightarrow{OA} + \overrightarrow{AE}) - \overrightarrow{OH} = \vec{a} + \vec{d} - \dfrac{1}{3}(\vec{a} + \vec{c} + \vec{d})$
$\qquad = \dfrac{1}{3}(2\vec{a} - \vec{c} + 2\vec{d})$

$\overrightarrow{HF} = \overrightarrow{OF} - \overrightarrow{OH} = \vec{a} + \vec{c} + \vec{d} - \dfrac{1}{3}(\vec{a} + \vec{c} + \vec{d}) = \dfrac{2}{3}(\vec{a} + \vec{c} + \vec{d})$

四面体 OACD は 1 辺の長さが 1 の正四面体であるから
$|\vec{a}| = |\vec{c}| = |\vec{d}| = 1,\ \vec{a} \cdot \vec{c} = |\vec{a}||\vec{c}|\cos 60° = \dfrac{1}{2}$

同様に，$\vec{c} \cdot \vec{d} = \vec{a} \cdot \vec{d} = \dfrac{1}{2}$

∴ $\overrightarrow{HE} \cdot \overrightarrow{HF} = \dfrac{1}{3}(2\vec{a} - \vec{c} + 2\vec{d}) \cdot \dfrac{2}{3}(\vec{a} + \vec{c} + \vec{d})$
$\qquad = \dfrac{2}{9}(2|\vec{a}|^2 - |\vec{c}|^2 + 2|\vec{d}|^2 + \vec{a}\cdot\vec{c} + \vec{c}\cdot\vec{d} + 4\vec{a}\cdot\vec{d}) = \dfrac{4}{3}$

解法のポイント

- 1　空間ベクトルも平面ベクトルと同様，「**平行移動可能**」「**寄道可能**」である．

- 2　①のように，重心のベクトルは，平面ベクトルのときと同様に「**3頂点のベクトルの平均**」と考えられる．

- 3　1辺aの正四面体を成す3ベクトルのうち，異なる2つのベクトルの内積はそれぞれ$\frac{1}{2}a^2$になる．この事実は，暗記しておくと便利．

解法のフロー

空間ベクトルの加減・内積　▷　平面ベクトルと同様に考える　▷　平行移動・寄道を考える

演習 7-1

右図の立方体において，$\vec{p} = \overrightarrow{OP}$, $\vec{q} = \overrightarrow{OQ}$, $\vec{r} = \overrightarrow{OR}$ とする．
$\vec{p}$, $\vec{q}$, $\vec{r}$ を用いて $\overrightarrow{OA}$ を表せ．

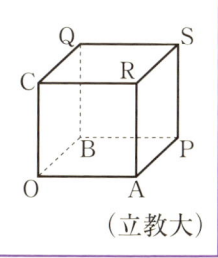

（立教大）

例題 7-2 一次結合・平行・2 垂直・大きさ 2 乗

Ⅰ $\vec{a} = (1, 1, -5)$, $\vec{b} = (2, 1, 1)$, $\vec{c} = (-1, 0, 1)$ のとき,
$(1, 2, -2) = $ ア$\boxed{}\vec{a} + $ イ$\boxed{}\vec{b} + $ ウ$\boxed{}\vec{c}$ である. (駒沢大)

Ⅱ $\vec{a} = (2, 1, 3)$ と $\vec{b} = (1, -1, 0)$ の両方に垂直な単位ベクトル $\vec{e}$ を求めよ. (信州大)

Ⅲ 空間のベクトル $\vec{a} = (1, -1, 2)$, $\vec{b} = (1, 1, -1)$ が与えられている. t がすべての実数をとって変化するとき, $|\vec{a} + t\vec{b}|$ の最小値を求めよ.

● ヒント　成分計算, 平行, 垂直, 大きさ　→　**平面ベクトルと同様**に考えよう！

— ▶ 解答 ◀ —

Ⅰ $(1, 2, -2) = l\vec{a} + m\vec{b} + n\vec{c} = (l, l, -5l) + (2m, m, m) + (-n, 0, n)$
$ = (l + 2m - n, l + m, -5l + m + n)$

∴ $\begin{cases} l + 2m - n = 1 \\ l + m = 2 \\ -5l + m + n = -2 \end{cases}$　　これらを解いて, $l = 1$, $m = 1$, $n = 2$

∴ $(1, 2, -2) = $ ア$1 \cdot \vec{a} + $ イ$1 \cdot \vec{b} + $ ウ$2\vec{c}$

Ⅱ $\vec{e} = (x, y, z)$ とする.
　　$\vec{a} \perp \vec{e}$ から　$\vec{a} \cdot \vec{e} = 0$　⇔　$2x + y + 3z = 0$　…①
　　$\vec{b} \perp \vec{e}$ から　$\vec{b} \cdot \vec{e} = 0$　⇔　$x - y = 0$　…②
　　また, $|\vec{e}| = 1$　⇔　$x^2 + y^2 + z^2 = 1$　…③

①, ②から　$y = x$, $z = -x$
これらを③に代入して　$x^2 + x^2 + (-x)^2 = 1$　⇔　$3x^2 = 1$　⇔　$x = \pm\dfrac{1}{\sqrt{3}}$

∴ $\vec{e} = \left(\dfrac{1}{\sqrt{3}}, \dfrac{1}{\sqrt{3}}, -\dfrac{1}{\sqrt{3}}\right)$, $\left(-\dfrac{1}{\sqrt{3}}, -\dfrac{1}{\sqrt{3}}, \dfrac{1}{\sqrt{3}}\right)$

Ⅲ $\vec{a} + t\vec{b} = (1, -1, 2) + t(1, 1, -1) = (t+1, t-1, -t+2)$
$|\vec{a} + t\vec{b}|^2 = (t+1)^2 + (t-1)^2 + (-t+2)^2 = 3t^2 - 4t + 6 = 3\left(t - \dfrac{2}{3}\right)^2 + \dfrac{14}{3}$

∴ $|\vec{a} + t\vec{b}|$ は $t = \dfrac{2}{3}$ のとき最小値 $\sqrt{\dfrac{14}{3}} = \dfrac{\sqrt{42}}{3}$

解法のポイント

● 1　Ⅰ　空間ベクトルのときも同様に，「任意のベクトルは一次独立な3ベクトルによって，**一意的に一次結合の形で表現**できる」

● 2　Ⅱ　**外積**を用いると，$\vec{a}, \vec{b}$ 両方に垂直なベクトルの一つは，$\vec{h} = \vec{a} \times \vec{b} = (3, 3, -3)$ と，求まるので，大きさを1にするために $\pm |\vec{h}|$ で割って（「正規化」），$\vec{e}$ を求めることもできる．〈Appendix ③参照〉

● 3　Ⅲ　$\vec{p} = \vec{a} + t\vec{b}$ なる点Pは右図の直線 l 上を動くので，$|\vec{a} + t\vec{b}|$ が最小となるのは，点Pが右図のHにいるとき．
　　よって，
$(\vec{a} + t\vec{b}) \cdot \vec{b} = 0 \Leftrightarrow 3t - 2 = 0$
$\Leftrightarrow t = \dfrac{2}{3}$ のとき，$|\vec{a} + t\vec{b}|$ は最小となる．

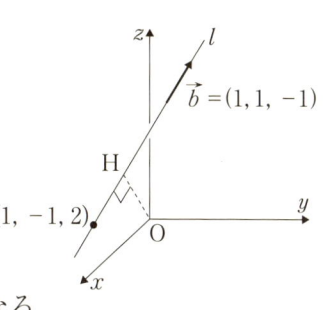

解法のフロー

2つのベクトル両方に垂直なベクトル → 求めるベクトルを (x, y, z) とおく → 「垂直条件」×2 より，成分求める

演習 7-2

Ⅰ　$\vec{a} = (1, 1, 2)$，$\vec{b} = (2, 1, 3)$，$\vec{c} = (0, 3, 1)$ とする．$\vec{p} = (1, 2, 4)$ を $s\vec{a} + t\vec{b} + u\vec{c}$ と表すとき，s, t, u の値を求めよ．　　　　（関西大）

Ⅱ　空間のベクトル $\vec{a} = (1, 2, 1)$，$\vec{b} = (1, -1, 2)$，$\vec{c} = (0, -1, 3)$ がある．$\vec{a} + t\vec{b}$ と $\vec{b} + t\vec{c}$ が直交するときの t の値を求めよ．　　　　（東京理科大）

Ⅲ　実数 t に対して $\vec{a} = (-2t+1, t-3, 5)$ とおくと，$|\vec{a}|$ の最小値を求めよ．　　　　（関西学院大）

例題 7-3 一直線上・面積

Ⅰ　3点 P $(p, 6, -12)$, Q $(-1, -2, 2)$, R $(3, r, -5)$ が一直線上にあるとき，p と r の値をそれぞれ求めよ．

Ⅱ　空間に 3 点 A $(1, 1, 2)$, B $(1, 3, 1)$, C $(4, 1, 1)$ があるとき，$\triangle ABC$ の面積 S を求めよ．

● ヒント　Ⅰ　P, Q, R が一直線上 → $\overrightarrow{PQ} = k\overrightarrow{QR}$ （k は実数）を考えよう！
　　　　　Ⅱ　空間における 3 角形の面積 → ベクトルの面積公式を用いよう！

— ▶ 解答 1 ◀ —

Ⅰ　3点 P, Q, R が一直線上にあるとき，$\overrightarrow{PQ} = k\overrightarrow{QR}$ （k は実数）．

$$\overrightarrow{PQ} = (-1, -2, 2) - (p, 6, -12) = (-p-1, -8, 14)$$
$$\overrightarrow{QR} = (3, r, -5) - (-1, -2, 2) = (4, r+2, -7)$$
$$\therefore \quad (-p-1, -8, 14) = k(4, r+2, -7)$$

z 成分から　$14 = -7k \iff k = -2$

x 成分，y 成分について　$p+1 = 8$, $8 = 2(r+2)$

$\therefore \quad p = 7, \ r = 2$

Ⅱ　$\overrightarrow{AB} = (0, 2, -1)$, $\overrightarrow{AC} = (3, 0, -1)$ より

$|\overrightarrow{AB}| = \sqrt{0^2 + 2^2 + (-1)^2} = \sqrt{5}$, $|\overrightarrow{AC}| = \sqrt{3^2 + 0^2 + (-1)^2} = \sqrt{10}$,

$\overrightarrow{AB} \cdot \overrightarrow{AC} = 0 \cdot 3 + 2 \cdot 0 + (-1) \cdot (-1) = 1$

$\therefore \quad S = \dfrac{1}{2}\sqrt{|\overrightarrow{AB}|^2 |\overrightarrow{AC}|^2 - (\overrightarrow{AB} \cdot \overrightarrow{AC})^2} = \dfrac{7}{2}$

— ▶ 解答 2 ◀ —

Ⅱ　$\overrightarrow{AB} = (0, 2, -1)$, $\overrightarrow{AC} = (3, 0, -1)$ より　$|\overrightarrow{AB}| = \sqrt{5}$, $|\overrightarrow{AC}| = \sqrt{10}$,

$$\cos \angle BAC = \dfrac{\overrightarrow{AB} \cdot \overrightarrow{AC}}{|\overrightarrow{AB}||\overrightarrow{AC}|} = \dfrac{1}{5\sqrt{2}} \qquad \therefore \quad \sin \angle BAC = \dfrac{7}{5\sqrt{2}}$$

$\therefore \quad S = \dfrac{1}{2}|\overrightarrow{AB}||\overrightarrow{AC}|\sin \angle BAC = \dfrac{7}{2}$

解法のポイント

- 1　Ⅰ　「一直線上」の条件も**平面ベクトルと同様**に考えることができる．

- 2　Ⅱ　空間における3角形の面積を求めるときは，**ベクトルの面積公式を積極的**に用いる．

- 3　Ⅱ　は外積を用いると，

$$\overrightarrow{AB} \times \overrightarrow{AC} = \begin{pmatrix} -2 \\ -3 \\ -6 \end{pmatrix},$$

$$S = \frac{1}{2}|\overrightarrow{AB} \times \overrightarrow{AC}| = \frac{1}{2}\sqrt{(-2)^2 + (-3)^2 + (-6)^2} = \frac{7}{2}$$

と求めることもできる．〈Appendix ③〉

解法のフロー

空間における具体的な3点 ▷ ベクトルの利用を積極的に考える ▷ 特に3角形の面積はベクトルを利用

演習 7-3

Ⅰ　3点 A $(-1, -1, -1)$，B $(1, 2, 3)$，C $(x, y, 1)$ が一直線上にあるとき，x，y の値を求めよ．　　　　　　　　　　　　　　　　　　　　（立教大）

Ⅱ　空間の3点 O $(0, 0, 0)$，A $(1, 2, p)$，B $(3, 0, -4)$ について，三角形 OAB の面積が $5\sqrt{2}$ で，$p > 0$ のとき，p の値を求めよ．　　　（立教大）

Appendix ③ ベクトルの外積

■ **ベクトルの外積#**

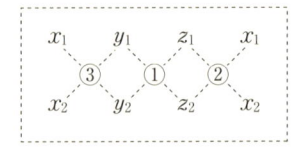

$$\vec{a} = \begin{pmatrix} x_1 \\ y_1 \\ z_1 \end{pmatrix}, \quad \vec{b} = \begin{pmatrix} x_2 \\ y_2 \\ z_2 \end{pmatrix} \text{ とするとき,}$$

$\vec{a}, \vec{b}$ の両方に垂直なベクトルの 1 つは

$$\vec{h} = \vec{a} \times \vec{b} = \begin{pmatrix} y_1 z_2 - y_2 z_1 \\ z_1 x_2 - z_2 x_1 \\ x_1 y_2 - x_2 y_1 \end{pmatrix}$$

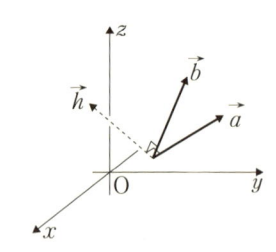

として求められる．(この計算を外積という)

また, $\vec{a}, \vec{b}$ で作られる三角形の面積 S について, $S = \dfrac{1}{2}|\vec{h}|$ が成り立つ．

ex $\vec{a} = (1, 2, 3), \vec{b} = (0, 1, -1)$ の両方に垂直なベクトルを外積を用いて 1 つ求めよ． → $\vec{h} = (-5, 1, 1)$

■ **4 面体の体積#**

空間において，互いに 1 次独立である $\vec{a}, \vec{b}, \vec{c}$ によって定められる 4 面体の体積 V は，

$$\begin{aligned} V &= \dfrac{1}{3} S \cdot \mathrm{OD} = \dfrac{1}{3} S \cdot |\overrightarrow{\mathrm{OD}}| \\ &= \dfrac{1}{3} \cdot \left(\dfrac{1}{2}|\vec{h}|\right) \cdot \left|\dfrac{\vec{h} \cdot \vec{c}}{|\vec{h}|^2} \vec{h}\right| \quad \cdots ① \\ &= \dfrac{1}{6}|\vec{h} \cdot \vec{c}| \\ &= \dfrac{1}{6}|(\vec{a} \times \vec{b}) \cdot \vec{c}| \end{aligned}$$

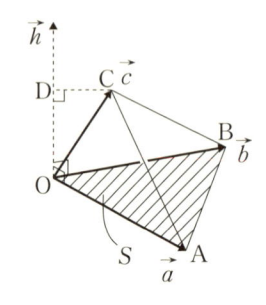

と表される．

* ①は正射影ベクトルの公式を利用している．

§8 空間ベクトル②

■ 共面条件

点 P が点 A, B, C で作られる平面上にあるとき, 3 つのパラメータを用いて,
$$\vec{OP} = s\vec{OA} + t\vec{OB} + u\vec{OC} \quad (s+t+u=1) \quad \langle 3\text{パラ型}\rangle$$
と表すことができる.

あるいは, 2 つのパラメータを用いて,
$$\vec{AP} = k\vec{AB} + l\vec{AC} \quad (k, l \text{ は実数}) \quad \langle 2\text{パラ型}\rangle$$
と表すことができる.

* 「係数和が 1」という条件は,平面ベクトルにおける共線条件と共通である.

ex 点 P が平面 ABC 上にあり, $\vec{OP} = \dfrac{1}{3}\vec{OA} + \dfrac{1}{4}\vec{OB} + u\vec{OC}$ と表されるとき, u の値を求めよ.

$$\to \quad u = 1 - \dfrac{1}{3} - \dfrac{1}{4} = \dfrac{5}{12}$$

■ 平面と直線の垂直

点 P から, 平面 ABC へ下ろした垂線の足を H とするとき,

共面条件 　$\vec{PH} = s\vec{PA} + t\vec{PB} + u\vec{PC} \quad (s+t+u=1)$

と

垂直条件 　$\vec{PH} \cdot \vec{AB} = 0$ 　かつ 　$\vec{PH} \cdot \vec{AC} = 0$

が共に成立する.

ex $\vec{PH}$ が平面 ABC に垂直で, $\vec{PH} = (x, y, 1)$, $\vec{AB} = (0, 1, 2)$, $\vec{AC} = (-1, 3, 1)$ のとき, x, y の値を求めよ.

$$\to \quad \vec{PH} \cdot \vec{AB} = y + 2 = 0, \quad \vec{PH} \cdot \vec{AC} = -x + 3y + 1 = 0$$
$$\therefore \quad x = -5, \quad y = -2$$

例題 8-1 共面条件

空間の 4 点 A $(1, 0, 0)$, B $(0, 1, 0)$, C $(0, 0, 1)$, D $(3, -5, z)$ が同じ平面上にあるとき，z の値を求めよ． (関西大)

● ヒント　"同じ平面上" → **共面条件(3パラ型 or 2パラ型)** を用いて考えよう！

── ▶ 解答 1 ◀ ──

4 点 A, B, C, D が同じ平面上にあるとき，
$$\vec{OD} = s\vec{OA} + t\vec{OB} + u\vec{OC} \quad (s+t+u=1)$$

$$\Leftrightarrow \begin{pmatrix} 3 \\ -5 \\ z \end{pmatrix} = s\begin{pmatrix} 1 \\ 0 \\ 0 \end{pmatrix} + t\begin{pmatrix} 0 \\ 1 \\ 0 \end{pmatrix} + u\begin{pmatrix} 0 \\ 0 \\ 1 \end{pmatrix} = \begin{pmatrix} s \\ t \\ u \end{pmatrix}$$

$$\therefore \begin{cases} 3 = s \\ -5 = t, \quad s+t+u = 1 \\ z = u \end{cases}$$

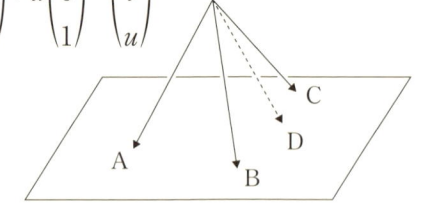

これを解いて，
$$s = 3, \quad t = -5, \quad u = z = 3$$

── ▶ 解答 2 ◀ ──

$\vec{AB} = (-1, 1, 0)$, $\vec{AC} = (-1, 0, 1)$, $\vec{AD} = (2, -5, z)$

4 点 A, B, C, D が同じ平面上にあるとき，
$$\vec{AD} = k\vec{AB} + l\vec{AC} \quad (k, l\text{ は実数})$$

$$\Leftrightarrow \begin{pmatrix} 2 \\ -5 \\ z \end{pmatrix} = k\begin{pmatrix} -1 \\ 1 \\ 0 \end{pmatrix} + l\begin{pmatrix} -1 \\ 0 \\ 1 \end{pmatrix} = \begin{pmatrix} -k-l \\ k \\ l \end{pmatrix}$$

$$\therefore \begin{cases} 2 = -k-l \\ -5 = k \\ z = l \end{cases}$$

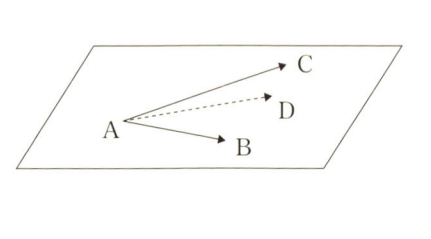

これを解いて，
$$k = -5, \quad l = 3, \quad z = 3$$

解法のポイント

● 1　共面条件は ▶解答1◀〈3パラ型〉 ▶解答2◀〈2パラ型〉両方で解けるようにしておく．

● 2　空間座標の問題は，座標に忠実に描こうとしすぎないほうがよい．

● 3　$\vec{AB} = (-1, 1, 0)$, $\vec{AC} = (-1, 0, 1)$, $\vec{AB} \times \vec{AC} = (1, 1, 1)$ であり，点 A, B, C を通る平面の方程式は
A (1, 0, 0) を通り，法線ベクトル (1, 1, 1) であるから
$$1\cdot(x-1)+1\cdot(y-0)+1\cdot(z-0)=0 \iff x+y+z=1$$
この方程式に D (3, −5, z) を代入して，z = 3 と求めてもよい．
〈Appendix ④〉

解法のフロー

4点が同じ平面上 ▶ 共面条件を考える (3パラ or 2パラ) ▶ 係数の値を求める

演習 8-1

空間に 3 点 A (−1, 1, 2), B (1, 2, 3), C (t, 1, 1) がある．

(1)　原点 O，点 A, B, C が 1 つの平面上にあるとき t の値を求めよ．

(2)　△ABC の面積の最小値を求めよ．また，そのときの t の値を求めよ．

(慶応義塾大)

例題 8-2 共面と交点

四面体 OABC を考え，$\vec{a} = \overrightarrow{OA}$，$\vec{b} = \overrightarrow{OB}$，$\vec{c} = \overrightarrow{OC}$ とする．また，線分 OA，OB，OC を 2 : 1 に内分する点をそれぞれ A′，B′，C′とし，直線 BC′ と直線 B′C の交点を D，3 点 A′，B，C を通る平面と直線 AD との交点を E とする．

(1) $\overrightarrow{OD}$ を $\vec{b}$ と $\vec{c}$ で表せ．
(2) $\overrightarrow{OE}$ を $\vec{a}$，$\vec{b}$，$\vec{c}$ で表せ．

● ヒント　空間における直線と平面の交点
→ **共線条件と共面条件**を合わせて考えよう！

── ▶ 解答 ◀ ──

(1) メネラウスの定理より，
$$\frac{B'B}{OB'} \cdot \frac{DC'}{BD} \cdot \frac{CO}{C'C} = 1$$
$$\Leftrightarrow \frac{1}{2} \cdot \frac{DC'}{BD} \cdot \frac{3}{1} = 1$$
$$\therefore \quad BD : DC' = 3 : 2$$

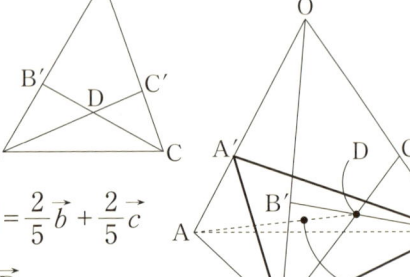

よって　$\overrightarrow{OD} = \frac{2}{5}\vec{b} + \frac{3}{5}\left(\frac{2}{3}\vec{c}\right) = \frac{2}{5}\vec{b} + \frac{2}{5}\vec{c}$

(2) $\overrightarrow{OE} = \overrightarrow{OA} + \overrightarrow{AE} = \overrightarrow{OA} + k\overrightarrow{AD}$
$= \overrightarrow{OA} + k(\overrightarrow{OD} - \overrightarrow{OA})$
$= (1-k)\vec{a} + \frac{2}{5}k\vec{b} + \frac{2}{5}k\vec{c}$　（k は実数）　…①

点 E は平面 A′BC 上なので，$\overrightarrow{OA'} = \frac{2}{3}\vec{a}$ であることに注意して，

①　$\Leftrightarrow \overrightarrow{OE} = \frac{3}{2}(1-k)\left(\frac{2}{3}\vec{a}\right) + \frac{2}{5}k\vec{b} + \frac{2}{5}k\vec{c}$　…②
$= \frac{3}{2}(1-k)\overrightarrow{OA'} + \frac{2}{5}k\overrightarrow{OB} + \frac{2}{5}k\overrightarrow{OC}$

と表したとき，$\overrightarrow{OA'}$，$\overrightarrow{OB}$，$\overrightarrow{OC}$ の係数の和が 1．　…③

$\therefore \quad \frac{3}{2}(1-k) + \frac{2}{5}k + \frac{2}{5}k = \frac{3}{2} - \frac{7}{10}k = 1 \Leftrightarrow k = \frac{5}{7}$

①に代入して，$\overrightarrow{OE} = \frac{2}{7}\vec{a} + \frac{2}{7}\vec{b} + \frac{2}{7}\vec{c}$

解法のポイント

● 1 (1) $\overrightarrow{OD}=(1-s)\vec{b}+\dfrac{2}{3}s\vec{c}$, $\overrightarrow{OD}=\dfrac{2}{3}(1-t)\vec{b}+t\vec{c}$ の**2通りで表現**して**係数比較**する方法で解いてもよい（例題 **3-3** ▶解答◀）

● 2 ①は，点 E が線分 AD 上であることから，パラメータ k を用いて $\overrightarrow{AE}$ を表現している． （共線条件）

● 3 ②は，$\overrightarrow{OA'}$, $\overrightarrow{OB}$, $\overrightarrow{OC}$ で共面条件を考えるために，$\overrightarrow{OA'}=\dfrac{2}{3}\vec{a}$ をひとまとめとして変形している．

● 4 ③では，共面条件を考えている．

解法のフロー

直線と平面の交点 ▷ **共線条件**を考えて パラメータで表現する ▷ **共面条件**と合わせて パラメータを決定する

演習 8-2

1辺の長さが1の正四面体 OABC において，辺 OA を 3 : 1 に内分する点を D，辺 OB を 2 : 1 に内分する点を E，辺 AC を 2 : 1 に内分する点を F とする．3 点 D，E，F が定める平面を α とし，平面 α と辺 BC との交点を G とする．

(1) $\overrightarrow{OG}$ を $\overrightarrow{OB}$ と $\overrightarrow{OC}$ を用いて表せ．
(2) △EFG の面積を求めよ． （東北大）

例題 8-3 共面垂直条件

空間内に 3 点 A (1, 0, 0), B (0, 2, 0), C (0, 0, 3) がある. 原点 O から三角形 ABC へ下ろした垂線の足を H とするとき, H の座標を求めよ.

（早稲田大）

● ヒント　共面垂直条件　→　「共面条件」+「垂直条件」×2　を考えよう！

▶ 解答 1 ◀

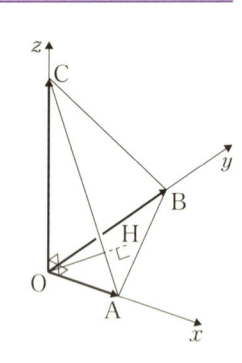

H は平面 ABC 上にあるから
$\vec{OH} = s\vec{OA} + t\vec{OB} + u\vec{OC}$ 　$(s+t+u=1)$　…①
$\vec{OH} = s(1, 0, 0) + t(0, 2, 0) + u(0, 0, 3) = (s, 2t, 3u)$
$\vec{OH}$ は $\vec{AB}$, $\vec{AC}$ に垂直であるから
$\vec{AB} \cdot \vec{OH} = 0$,　$\vec{AC} \cdot \vec{OH} = 0$
$\Leftrightarrow \begin{cases} -s + 4t = 0 \\ -s + 9u = 0 \end{cases}$　…②

①② より, $s = \dfrac{36}{49}$, $t = \dfrac{9}{49}$, $u = \dfrac{4}{49}$

∴　$\vec{OH} = \left(\dfrac{36}{49}, \dfrac{18}{49}, \dfrac{12}{49}\right)$　よって　H の座標は　$\left(\dfrac{36}{49}, \dfrac{18}{49}, \dfrac{12}{49}\right)$

▶ 解答 2 ◀

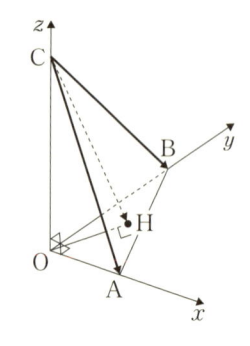

H は平面 ABC 上にあるから
$\vec{CH} = k\vec{CA} + l\vec{CB}$　（k, l は実数）
$\vec{OH} = \vec{OC} + \vec{CH} = \vec{OC} + k\vec{CA} + l\vec{CB}$
　　　$= (0, 0, 3) + k(1, 0, -3) + l(0, 2, -3)$
　　　$= (k, 2l, 3 - 3k - 3l)$
$\vec{OH}$ は $\vec{CA}$, $\vec{CB}$ に垂直であるから
$\vec{CA} \cdot \vec{OH} = 0$,　$\vec{CB} \cdot \vec{OH} = 0$
$\Leftrightarrow \begin{cases} k - 3(3 - 3k - 3l) = 0 \\ 4l - 3(3 - 3k - 3l) = 0 \end{cases} \Leftrightarrow \begin{cases} 10k + 9l = 9 \\ 9k + 13l = 9 \end{cases}$

これを解くと　$k = \dfrac{36}{49}$, $l = \dfrac{9}{49}$

∴　$\vec{OH} = \left(\dfrac{36}{49}, \dfrac{18}{49}, \dfrac{12}{49}\right)$　よって　H の座標は　$\left(\dfrac{36}{49}, \dfrac{18}{49}, \dfrac{12}{49}\right)$

解法のポイント

● 1 ▶解答1◀ は〈3パラ型〉，▶解答2◀ は〈2パラ型〉を用いている．

● 2 もし，$|\overrightarrow{OH}|$ だけを問われた場合は，
△ABC の面積 S_{ABC} をベクトルの面積公式から求め $OH = \dfrac{3V_{OABC}}{S_{ABC}}$ を計算して導くことができる．（初等幾何的解法）

● 3 平面 ABC の方程式は，
定点 A $(1, 0, 0)$，法線ベクトル $\overrightarrow{AB} \times \overrightarrow{AC} = (6, 3, 2)$ より
$$6(x-1) + 3(y-0) + 2(z-0) = 0 \Leftrightarrow 6x + 3y + 2z = 6 \quad \cdots ③$$
また，
直線 OH の方程式は，
定点 A $(0, 0, 0)$，方向ベクトル $\overrightarrow{AB} \times \overrightarrow{AC} = (6, 3, 2)$ より
$$\frac{x-0}{6} = \frac{y-0}{3} = \frac{z-0}{2} \Leftrightarrow \frac{x}{6} = \frac{y}{3} = \frac{z}{2} \quad \cdots ④$$
③④を連立して H の座標を求めることもできる．〈Appendix ④〉

解法のフロー

共面垂直条件 ▶ 「共面条件」+「垂直条件」×2 ▶ 共面条件における係数を求める

演習 8-3

座標空間において，3点 A $(0, -1, 2)$，B $(-1, 0, 5)$，C $(1, 1, 3)$ の定める平面を α とし，原点 O から平面 α に垂線 OH を下ろす．
(1) △ABC の面積を求めよ．
(2) $\overrightarrow{AH} = k\overrightarrow{AB} + l\overrightarrow{AC}$ を満たす k, l を求めよ．
(3) 四面体 OABC の体積 V を求めよ．

Memo

§9 空間ベクトル③

■ 直線上の点のパラメータ表現

直線 AB 上の点 P は，
$$\vec{OP} = \vec{OA} + t\vec{AB} \quad (t \text{ は実数})$$
と表現することができる．始点を O に揃えると，
$$\vec{OP} = (1-t)\vec{OA} + t\vec{OB} \quad (t \text{ は実数}) \quad \cdots ①$$
と表現することもできる．
(基本的に平面ベクトルのときと同様)

* ①は「共線条件」の形である．

ex A $(-3, -1, 1)$, B $(2, 1, -1)$ とするとき直線 AB 上の点 (x, y, z) をパラメータ t で表現せよ．

$$\rightarrow \quad (x, y, z) = \begin{pmatrix} -3 \\ -1 \\ 1 \end{pmatrix} + t \begin{pmatrix} 2 \\ 1 \\ -1 \end{pmatrix} \quad \therefore \quad x = -3 + 2t, \ y = -1 + t, \ z = 1 - t$$

■ 平面上の点のパラメータ表現

平面 ABC 上の点 P は，
$$\vec{AP} = k\vec{AB} + l\vec{AC} \quad (k, \ l \text{ は実数})$$
と一意的に表現することができる．
また，始点を O にすると，
$$\vec{OP} = \vec{OA} + \vec{AP} = (1-k-l)\vec{OA} + k\vec{OB} + l\vec{OC} \quad (k, \ l \text{ は実数})$$
$$= s\vec{OA} + t\vec{OB} + u\vec{OC} \quad (s + t + u = 1) \quad \cdots ②$$
と表現することもできる．

* ②は「共面条件」の形である．

ex A $(-3, 0, -1)$, B $(1, 1, 0)$, C $(-1, 3, 3)$. 平面 ABC 上の点 (x, y, z) をパラメータ $k, \ l$ で表現せよ．

$$\rightarrow \quad (x+3, y, z+1) = (4k+2l, k+3l, k+4l)$$
$$\therefore \quad x = 4k + 2l - 3, \ y = k + 3l, \ z = k + 4l - 1$$

例題 9-1 直線への垂線

xyz 空間上の 2 点 A $(-3, -1, 1)$, B $(-1, 0, 0)$ を通る直線 l に点 C $(2, 3, 3)$ から下ろした垂線の足 H の座標を求めよ． （京都大）

● ヒント　直線 AB への垂線との交点 H
→ $\vec{OH} = \vec{OA} + t\vec{AB}$ （t は実数）　と表現して考えよう！

── ▶ 解答 1 ◀ ──

$\vec{AH} = t\vec{AB}$　（t は実数）とする．
$\vec{AB} = (2, 1, -1)$ であるから
$$\vec{OH} = \vec{OA} + \vec{AH} = \vec{OA} + t\vec{AB}$$
$$= (2t-3,\ t-1,\ -t+1)$$
$$\vec{CH} = \vec{OH} - \vec{OC}$$
$$= (2t-5,\ t-4,\ -t-2)$$
$\vec{AB} \perp \vec{CH} \Leftrightarrow \vec{AB} \cdot \vec{CH} = 0$ …①
$\Leftrightarrow 2(2t-5) + (t-4) - (-t-2) = 0$
$\Leftrightarrow t = 2$

∴ $\vec{OH} = (1, 1, -1)$
よって　H の座標は　$(1, 1, -1)$

── ▶ 解答 2 ◀ ──

$\vec{AB} = (2, 1, -1),\ \vec{AC} = (5, 4, 2)$ より，
$$\vec{AB} \cdot \vec{AC} = 12,\ |\vec{AB}|^2 = 6$$
$\vec{AH}$ は，$\vec{AC}$ の $\vec{AB}$ への正射影ベクトルであるから，
$$\vec{AH} = \frac{\vec{AB} \cdot \vec{AC}}{|\vec{AB}|^2}\vec{AB} = \frac{12}{6}(2, 1, -1)\ \cdots ②$$
∴ $\vec{OH} = \vec{OA} + \vec{AH} = (1, 1, -1)$
よって　H の座標は　$(1, 1, -1)$

解法のポイント

- 1　①では，**「垂直条件」（内積 0）** を考えている．

- 2　②では，**正射影ベクトル**の公式〈Appendix ①〉を用いている．

- 3　点 C (2, 3, 3) を通る直線 l に垂直な平面の方程式は $\overrightarrow{AB} = (2, 1, -1)$ を法線ベクトルとするので
  $$2x + y - z - 4 = 0 \quad \cdots ③$$
  直線 l の方程式は
  定点 A $(-3, -1, 1)$，方向ベクトル $\overrightarrow{AB} = (2, 1, -1)$ より，
  $$\frac{x+3}{2} = \frac{y+1}{1} = \frac{z-1}{-1} \quad \cdots ④ \quad \langle \text{Appendix ④} \rangle$$
  ③④を連立して，H の座標を求めてもよい．

解法のフロー

空間における直線への垂線 ▶ 共線条件をパラメータを用いて表現する ▶ 垂直条件を考えてパラメータを決定する

演習 9-1

点 A $(-6, 2, 6)$ を通り，方向ベクトルが $\vec{d} = (2, 1, -1)$ である直線 l と点 B $(0, -1, -3)$ がある．

(1) 点 B から直線 l におろした垂線の足 H の座標を求めよ．

(2) 直線 l 上の 2 点 C，D に対し，△BCD が正三角形となるような点 C，D の座標を求めよ．

例題 9-2 空間の動点

xyz 空間内に点 A $(1, 1, 2)$ と点 B $(-5, 4, 0)$ がある．点 C が y 軸上を動くとき，△ABC の面積 S_{ABC} の最小値を求めよ． （千葉大）

● ヒント　y 軸上の動点 C　→　パラメータ t を用いて，C $(0, t, 0)$ として△ABC の面積 S_{ABC} を立式しよう！

― ▶ 解答 1 ◀ ―

C $(0, t, 0)$ （t は実数）とする，$\vec{AB} = (-6, 3, -2)$　$\vec{AC} = (-1, t-1, -2)$

$$S_{ABC} = \frac{1}{2}\sqrt{|\vec{AB}|^2|\vec{AC}|^2 - (\vec{AB}\cdot\vec{AC})^2} = \frac{1}{2}\sqrt{49\cdot(t^2-2t+6)-(3t+7)^2}$$

$$= \frac{1}{2}\sqrt{40t^2-140t+245}$$

$$= \frac{1}{2}\sqrt{40\left(t-\frac{7}{4}\right)^2+\frac{245}{2}}$$

∴　$t = \dfrac{7}{10}$ のとき　S_{ABC} は最小値　$\dfrac{7\sqrt{10}}{4}$

― ▶ 解答 2 ◀ ―

点 C から直線 AB へ垂線 CH を下ろす．
△ABC の面積が最小となるのは CH が最小となるとき．
このとき CH⊥AB，CH⊥y 軸．　…①

　　　$\vec{OH} = \vec{OA} + s\vec{AB}$　（s は実数）
　　　　　　$= (1-6s, 1+3s, 2-2s)$

C $(0, t, 0)$ （t は実数）とすると，
$\vec{CH} = (1-6s, 1+3s-t, 2-2s)$
　CH⊥y 軸から　$\vec{CH}\cdot\vec{y} = 0$　⇔　$1+3s-t = 0$　…②
　CH⊥AB から　$\vec{CH}\cdot\vec{AB} = 0$
　　　　　　　⇔　$-6(1-6s)+3(1+3s-t)-2(2-2s) = 0$　…③

②，③より，$s = \dfrac{1}{4}$，$t = \dfrac{7}{4}$　∴　$\vec{CH} = \left(-\dfrac{1}{2}, 0, \dfrac{3}{2}\right)$

よって，面積の最小値は

$$\frac{1}{2}|\vec{AB}||\vec{CH}| = \frac{1}{2}\cdot 7\cdot\frac{\sqrt{10}}{2} = \frac{7\sqrt{10}}{4}$$

解法のポイント

● 1　一般に，ねじれの位置にある2直線 l_1, l_2 上の動点 P, Q について，PQ の最小値は

$$\begin{cases} PQ \perp l_1 \\ PQ \perp l_2 \end{cases}$$

のときといえる．①では，このことを利用している．

● 2　②の内積計算では，y 軸の方向ベクトルとして，$\vec{y} = (0, 1, 0)$ を利用している．

● 3　▶解答2◀ は，例題 9-3 ▶解答2◀ と同様の考え方をしている．

解法のフロー

空間座標における動点に関する問題 ▶ 動点の座標をパラメータ用いて表現 ▶ パラメータの関数として図形量を表現

演習 9-2

$O(0, 0, 0)$ を原点とし，空間内に4点 $A(2, 0, 0)$, $B(0, 3, 0)$, $C(0, 0, 1)$, $E(0, 1, 0)$ をとる．

(1) 点 P は線分 BC 上にあり，三角形 AEP は三角錐 OABC の体積を2等分するという．このとき，P の座標を求めよ．

(2) 点 Q が線分 BC 上を動くとき，三角形 AEQ の面積が最小になるときの Q の座標とそのときの三角形 AEQ の面積を求めよ．

例題 9-3 空間の2直線

座標空間で点 $(3, 4, 0)$ を通りベクトル $\vec{a} = (1, 1, 1)$ に平行な直線を l, 点 $(2, -1, 0)$ を通りベクトル $\vec{b} = (1, -2, 0)$ に平行な直線を m とする. 点 P は直線 l 上を, 点 Q は直線 m 上をそれぞれ勝手に動くとき, 線分 PQ の長さの最小値を求めよ. (京都大)

● ヒント　空間の2直線上の動点
→ それぞれの点の座標を**パラメータ**を用いて表現しよう！

── ▶ 解答 1 ◀ ────────────────────

点 P は直線 l 上, 点 Q は直線 m 上にあるから, s, t を実数として

$$\vec{OP} = (3, 4, 0) + s(1, 1, 1) = (3+s, 4+s, s)$$
$$\vec{OQ} = (2, -1, 0) + t(1, -2, 0) = (2+t, -1-2t, 0)$$
$$\vec{PQ} = \vec{OQ} - \vec{OP} = (t-s-1, -2t-s-5, -s)$$

∴ $|\vec{PQ}|^2 = (t-s-1)^2 + (2t+s+5)^2 + s^2$
$= 3s^2 + 2st + 5t^2 + 12s + 18t + 26 = 3s^2 + 2(t+6)s + 5t^2 + 18t + 26$
$= 3\left(s + \dfrac{t+6}{3}\right)^2 + \dfrac{14}{3}t^2 + 14t + 14 = 3\left(s + \dfrac{t+6}{3}\right)^2 + \dfrac{14}{3}\left(t + \dfrac{3}{2}\right)^2 + \dfrac{7}{2}$

…①

∴ PQ は $s = -\dfrac{t+6}{3}$ かつ $t = -\dfrac{3}{2}$, すなわち $s = t = -\dfrac{3}{2}$ のとき

最小値 $\sqrt{\dfrac{7}{2}} = \dfrac{\sqrt{14}}{2}$

── ▶ 解答 2 ◀ ────────────────────

PQ が最小になるのは, $\vec{a} \perp \vec{PQ}$ かつ $\vec{b} \perp \vec{PQ}$ のとき. …②

$\vec{a} \perp \vec{PQ}$ から　$\vec{a} \cdot \vec{PQ} = 0$

∴ $1 \cdot (t-s-1) + 1 \cdot (-2t-s-5) + 1 \cdot (-s) = 0$
$\Leftrightarrow 3s + t = -6$ …③

$\vec{b} \perp \vec{PQ}$ から　$\vec{b} \cdot \vec{PQ} = 0$

∴ $1 \cdot (t-s-1) - 2 \cdot (-2t-s-5) + 0 \cdot (-s) = 0$
$\Leftrightarrow s + 5t = -9$ …④

③, ④ を解くと　$s = t = -\dfrac{3}{2}$ ∴ $\vec{PQ} = \left(-1, -\dfrac{1}{2}, \dfrac{3}{2}\right)$

∴ 求める最小値は $\sqrt{(-1)^2+\left(-\dfrac{1}{2}\right)^2+\left(\dfrac{3}{2}\right)^2}=\dfrac{\sqrt{14}}{2}$

解法のポイント

- 1 ▶解答1◀ では，それぞれの点をパラメータ s, t で表現し，PQ の長さを s, t の2変数関数で表現している．この2変数関数は，①のように，まず s に注目して平方完成を行い，その後 t に関して平方完成を行うことで，最小値が求められる．

- 2 ▶解答2◀ ②は，例題 9-2 ▶解答2◀ と同様の考え方をしている．

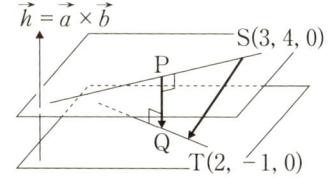

- 3 PQ が最小となるときは，右図のように描くことができるので，$\overrightarrow{PQ}$ は，$\overrightarrow{ST}$ の $\vec{h}$ への**正射影ベクトル**と考えられる．

$\vec{h}=\vec{a}\times\vec{b}=(2, 1, -3)$, $\overrightarrow{ST}=(-1, -5, 0)$

より，

$\overrightarrow{PQ}=\dfrac{\vec{h}\cdot\overrightarrow{ST}}{|\vec{h}|^2}\vec{h}=\dfrac{-7}{14}\vec{h}=\left(-1, -\dfrac{1}{2}, \dfrac{3}{2}\right)$ ∴ $|\overrightarrow{PQ}|=\dfrac{\sqrt{14}}{2}$

解法のフロー

空間の2直線上の2動点 ⇒ それぞれの動点を**パラメータで表現** ⇒ パラメータの関数として図形量を表現

演習 9-3

点 O を原点とする座標空間の3点を A $(0, 1, 2)$, B $(2, 3, 0)$, P $(5+t, 9+2t, 5+3t)$ とする．

線分 OP と線分 AB が交点をもつような実数 t が存在することを示せ．またそのとき，交点の座標を求めよ． (京都大)

Memo

§10 空間ベクトル④

■ 空間のベクトル方程式

定点 $A(\vec{a})$ を通り，$\vec{d}$ に平行な直線 l のベクトル方程式は，
$$\overrightarrow{OP} = \overrightarrow{OA} + t\vec{d} \Leftrightarrow \vec{p} = \vec{a} + t\vec{d} \quad (t \text{ は実数})$$
この $\vec{d}$ を方向ベクトルという．

ex $A(3, 4, 5)$ を通り，方向ベクトル $\vec{v} = (1, 2, -1)$ の直線 l 上の点 (x, y, z) を実数 t を用いて表わせ．

→ $(x, y, z) = (3, 4, 5) + t(1, 2, -1) = (3+t, 4+2t, 5-t)$

基本的に，平面のベクトル方程式と同様に考える．
ただし，「直線→平面」「円→球」などの違いには注意する．

ex 空間において点 A, 点 B があるとき点 $P(\vec{p})$ が $(\vec{p}-\vec{a}) \cdot (\vec{p}-\vec{b}) = 0$

→ P は線分 AB を直径の両端とする球の面上の点

■ 球の方程式

中心 $A(a, b, c)$，半径 r の球の方程式は，
$$(x-a)^2 + (y-b)^2 + (z-c)^2 = r^2$$
と表される．

ex 中心 $A(1, 2, -1)$，半径 3 の球の方程式を求めよ．

→ $(x-1)^2 + (y-2)^2 + (z+1)^2 = 9$

例題 10-1 空間のベクトル方程式

3点 $O(0, 0, 0)$, $A(1, 0, 0)$, $B\left(\dfrac{1}{2}, \dfrac{\sqrt{3}}{2}, 0\right)$ について

(1) 四面体 OABC が正四面体となるような点 C の座標を求めよ．

(2) (1) の四面体 OABC に対して，$|\overrightarrow{AD} + \overrightarrow{BD} + \overrightarrow{CD}| = 3$ を満たす点 D はどのような図形を描くか．

● ヒント　空間のベクトル方程式
　　　　→ 平面ベクトルと同様にベクトル方程式を考えよう！

── ▶ 解答 ◀ ──

(1) $C(x, y, z)$ とする．△OAB は 1 辺の長さが 1 の正三角形であるから
$$OC = AC = BC = 1$$
$$\Leftrightarrow \begin{cases} x^2 + y^2 + z^2 = 1 & \cdots ① \\ (x-1)^2 + y^2 + z^2 = 1 & \cdots ② \\ \left(x - \dfrac{1}{2}\right)^2 + \left(y - \dfrac{\sqrt{3}}{2}\right)^2 + z^2 = 1 & \cdots ③ \end{cases}$$

①②③を解いて　…④
$$x = \dfrac{1}{2}, \quad y = \dfrac{1}{2\sqrt{3}}, \quad z = \pm\dfrac{\sqrt{6}}{3} \quad \therefore \quad C\left(\dfrac{1}{2}, \dfrac{\sqrt{3}}{6}, \pm\dfrac{\sqrt{6}}{3}\right)$$

(2) 始点を O にそろえると，
$$\overrightarrow{AD} + \overrightarrow{BD} + \overrightarrow{CD} = \overrightarrow{OD} - \overrightarrow{OA} + \overrightarrow{OD} - \overrightarrow{OB} + \overrightarrow{OD} - \overrightarrow{OC}$$
$$= 3\overrightarrow{OD} - (\overrightarrow{OA} + \overrightarrow{OB} + \overrightarrow{OC})$$

であるから，
$$|\overrightarrow{AD} + \overrightarrow{BD} + \overrightarrow{CD}| = 3$$
$$\Leftrightarrow |3\overrightarrow{OD} - (\overrightarrow{OA} + \overrightarrow{OB} + \overrightarrow{OC})| = 3$$
$$\Leftrightarrow \left|\overrightarrow{OD} - \dfrac{\overrightarrow{OA} + \overrightarrow{OB} + \overrightarrow{OC}}{3}\right| = 1 \quad \cdots ⑤$$

$\dfrac{\overrightarrow{OA} + \overrightarrow{OB} + \overrightarrow{OC}}{3} = \left(\dfrac{2}{3}, \dfrac{2\sqrt{3}}{9}, \pm\dfrac{\sqrt{6}}{9}\right)$ であるから，

D は点 $\left(\dfrac{2}{3}, \dfrac{2\sqrt{3}}{9}, \pm\dfrac{\sqrt{6}}{9}\right)$ を中心とする半径 1 の球面を描く．

解法のポイント

- **1** ④は，②-①から x，続いて①-③から y，そして最後に z，という順で求められる．

- **2** ⑤は，球を表すベクトル方程式の形（$|\vec{p}-\vec{a}|=r$ 型）になっている．

- **3** 例題 6-1 ▶解答2◀ のように，D(X, Y, Z) とおいて，成分で計算すると，
$$|\overrightarrow{AD}+\overrightarrow{BC}+\overrightarrow{CD}|=3$$
$$\Leftrightarrow \sqrt{(3X-2)^2+\left(3Y-\frac{2\sqrt{3}}{3}\right)^2+\left(3Z\pm\frac{\sqrt{6}}{3}\right)^2}=3$$

両辺2乗して整理して，
$$\left(X-\frac{2}{3}\right)^2+\left(Y-\frac{2\sqrt{3}}{9}\right)^2+\left(Z\pm\frac{\sqrt{6}}{9}\right)^2=1$$

となって，▶解答◀ と同じ球面が導ける．

解法のフロー

空間の ベクトル方程式 → 球や直線の方程式 になるように変形 → 式の意味を考えて 図形を導く

演習 10-1

xyz 空間において，O$(0, 0, 0)$，A$\left(\dfrac{1}{\sqrt{3}}, \dfrac{1}{\sqrt{3}}, \dfrac{1}{\sqrt{3}}\right)$ とする．このとき，
$$\frac{1}{4}\leq(\overrightarrow{OP}\cdot\overrightarrow{OA})^2+|\overrightarrow{OP}-(\overrightarrow{OP}\cdot\overrightarrow{OA})\overrightarrow{OA}|^2\leq 1$$
を満たす点 P 全体のなす図形の体積を求めよ．　　　　　　　　　（神戸大）

例題 10-2 球の方程式／球と平面・直線

I　半径 r の球面 $(x-1)^2+(y-2)^2+(z-3)^2=r^2$ が yz 平面と共有点をもち，かつ xy 平面と共有点をもたないような r の値の範囲を求めよ．（関西大）

II　2点 A$(10, 2, 5)$，B$(-6, 10, 11)$ を直径の両端とする球面がある．
(1)　この球面が，xy 平面から切り取る円の面積を求めよ．
(2)　この球面が，z 軸から切り取る線分の長さを求めよ．（東京大）

● ヒント　球の方程式／球と平面・直線

→ **中心と半径，方程式**をうまく使いこなして考えよう！

— ▶ 解答1 ◀ —

I　球面 $(x-1)^2+(y-2)^2+(z-3)^2=r^2$ は中心 $(1, 2, 3)$，半径 r．
　この球面が yz 平面 $(x=0)$ と
　共有点をもつための条件は　$r \geq 1$　…①
　また，この球面が xy 平面 $(z=0)$ と
　共有点をもたないための条件は　$0 < r < 3$　…②
　①，②の共通範囲を求めて　$1 \leq r < 3$

II　線分 AB の中点が中心であるから，中心 M$(2, 6, 8)$．
　半径 $r = \mathrm{AM} = \sqrt{(10-2)^2+(2-6)^2+(5-8)^2} = \sqrt{89}$
　よって，球面の方程式は　$(x-2)^2+(y-6)^2+(z-8)^2=89$　…③

(1)　③に $z=0$ を代入して，$(x-2)^2+(y-6)^2=25$
　　中心 $(2, 6)$，半径 5 の円になるので，その面積は 25π

(2)　③に $x=y=0$ を代入して，$(z-8)^2=49$　⇔　$z=1, 15$
　　よって，切り取る長さは 14

— ▶ 解答2 ◀ —

II (1)　右図において，△AMH は直角三角形であるので，
$$\mathrm{AH} = \sqrt{\mathrm{AM}^2 - \mathrm{MH}^2}$$
$$= \sqrt{89 - 8^2}$$
$$= 5$$
よって，切り取る円の半径は 5 となるので，その面積は 25π

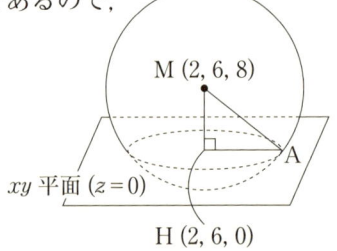

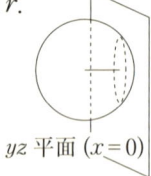

解法のポイント

● 1　球の平面・直線に関する問題は,
▶**解答 1**◀のように, 方程式を連立して考えていく解法だけでなく,
▶**解答 2**◀のように中心と接点・断面の中心を結び**直角三角形**を考えて, **初等幾何的**に考える解法も意識するとよい.

● 2　一般に, 以下の公式を用いると, 空間における点と平面の距離を求めることができる.

〈点と平面の距離の公式〉
点 (x_0, y_0, z_0) と平面 $ax+by+cz+d=0$ の距離を h とすると,
$$h = \frac{|ax_0+by_0+cz_0+d|}{\sqrt{a^2+b^2+c^2}}$$

解法のフロー

| 空間における球についての問題 | ▷ | **中心と半径**から図形的に考える | ▷ | **球面の方程式**も, 必要ならば用いる |

演習 10-2

座標空間内に xy 平面と交わる半径 5 の球がある. その球の中心の z 座標の値が正であり, その球と xy 平面の交わりが作る円の方程式が
$$x^2+y^2-4x+6y+4=0$$
であるとき, その球の中心の座標を求めよ. 　　　　　　（早稲田大）

例題 10-3 座標設定

図はある三角錐 V の展開図である．ここで AB=4，AC=3，BC=5，$\angle ACD=90°$ で $\triangle ABE$ は正三角形である．

このとき，V の体積を求めよ． （北海道大）

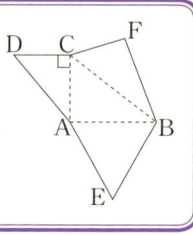

● ヒント　長さの条件が与えられた，直角を含む立体図形

→ 空間座標を設定しよう！

── ▶ 解答 1 ◀ ──

座標空間に三角錐 V を，
A を原点，B $(4,0,0)$，C $(0,3,0)$ とおく．
点 D，E，F が重なる点を P (x,y,z) とする．ただし，$z>0$ とする． 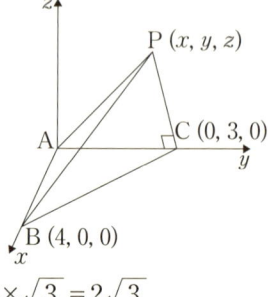
　$\triangle ABP$ は正三角形であるから　$AP=BP=AB=4$
　　$AP^2=16$　⇔　$x^2+y^2+z^2=16$　　…①
　　$BP^2=16$　⇔　$(x-4)^2+y^2+z^2=16$　…②
$\angle ACP=90°$ であるから　$CP^2=AP^2-AC^2=4^2-3^2=7$
　∴　$x^2+(y-3)^2+z^2=7$　…③
①②③より，$x=2$，$y=3$，$z=\sqrt{3}$
　∴　V の体積は　$\dfrac{1}{3}\times S_{ABC}\times \sqrt{3} = \dfrac{1}{3}\times\left(\dfrac{1}{2}\cdot 4\cdot 3\right)\times\sqrt{3}=2\sqrt{3}$

── ▶ 解答 2 ◀ ──

AB の中点を M とする．
$\triangle ABC$ を底面にして，$\triangle ACD$ と $\triangle ABE$ を折り曲げていくときの点 D と点 E の軌跡を上から見ると右図のようになる．

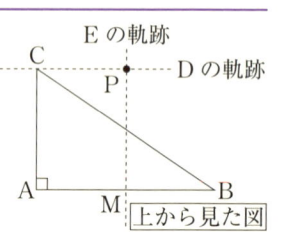

軌跡の交点 P が頂点（D，F，E が共有する点）の上から見た位置となる．

P から底面に下ろした垂線の足を H とすると
$\triangle PMH$ は直角三角形となるので，
　　$PH=\sqrt{PM^2-MH^2}=\sqrt{(2\sqrt{3})^2-3^2}=\sqrt{3}$
　∴　V の体積は　$\dfrac{1}{3}\times S_{ABC}\times\sqrt{3}=\dfrac{1}{3}\times\left(\dfrac{1}{2}\cdot 4\cdot 3\right)\times\sqrt{3}=2\sqrt{3}$

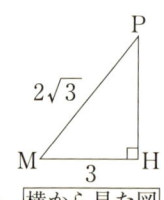

解法のポイント

● 1 　▶解答1◀は，**図形の特徴**が活かせるように**座標を設定**して，長さの条件を立式することで点Pの座標を求めている．

● 2 　一般に，空間図形の問題は，**断面に注目**して**初等幾何的**に考えることが，大きなヒントとなる．
　　　▶解答2◀は，座標やベクトルを用いず，図形の特徴を活かして，初等幾何的に「高さ」を求めている．

● 3 　空間図形の問題は
　「初等幾何」→「3角比」→「座標幾何」→「ベクトル幾何」の順で考える．

解法のフロー

長さが与えられた直角を含む空間図形 ▷ **座標を設定**して，適切に配置する ▷ 座標で条件を立式し**方程式**を解く

演習 10-3

空間内の 4 点 A, B, C, D が
$$AB=1, \quad AC=2, \quad AD=3$$
$$\angle BAC = \angle CAD = 60°, \quad \angle DAB = 90°$$
を満たしている．この 4 点から等距離にある点を E とする．点 E の座標と線分 AE の長さを求めよ．　　　　　　　　　　　　　　（大阪大）

105

Appendix ④ 空間座標における図形表現

■ 直線の方程式#

A(x_0, y_0, z_0) を通り，方向ベクトル $\vec{v} = (a, b, c)$ の直線 l の方程式は，

$$\frac{x - x_0}{a} = \frac{y - y_0}{b} = \frac{z - z_0}{c}$$

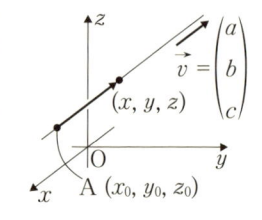

ex A(2, 5, 6) を通り，方向ベクトル $\vec{v} = (1, 3, 2)$ の直線 l の方程式を求めよ．
→ $l : \dfrac{x-2}{1} = \dfrac{y-5}{3} = \dfrac{z-6}{2}$

■ 平面の方程式#

A(x_0, y_0, z_0) を通り，法線ベクトル $\vec{h} = (a, b, c)$ の直線 l の方程式は，

$$a(x - x_0) + b(y - y_0) + c(z - z_0) = 0$$

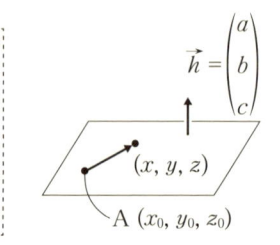

ex A(−1, 3, 1) を通り，法線ベクトル $\vec{v} = (5, 2, −1)$ の平面 $α$ の方程式を求めよ． → $α : 5(x+1) + 2(y-3) - (z-1) = 0$ ⇔ $α : 5x + 2y - z = 0$

■ 直円柱面の方程式，直円錐面の方程式#

原点中心，半径 r の円を底面とし，中心軸が z 軸の円柱の方程式は，

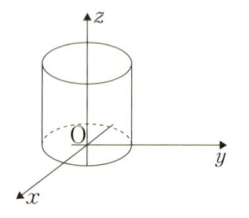

$$x^2 + y^2 = r^2, \quad z \text{ は任意}$$

原点中心，半径 r の円を底面とし，頂点が $(0, 0, k)$ の直円錐面の方程式は，

$$k^2(x^2 + y^2) = r^2(z - k)^2$$

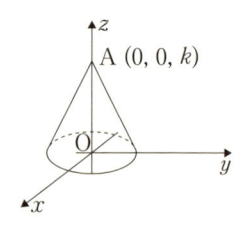

発展演習

発展演習 1

1辺1の正五角形 ABCDE において，$\vec{AB} = \vec{b}$，$\vec{AE} = \vec{e}$ とおくとき，次の問に答えよ．

(1) 対角線 BE の長さを求めよ．
(2) $\vec{DC}$ を $\vec{b}$，$\vec{e}$ を用いて表せ．

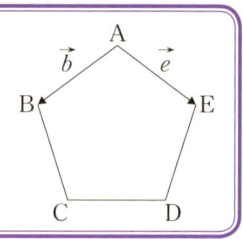

発展演習 2

三角形 ABC において，$|\vec{AC}| = 1$，$\vec{AB} \cdot \vec{AC} = k$ である．辺 AB 上に $\vec{AD} = \dfrac{1}{3}\vec{AB}$ を満たす点 D をとる．辺 AC 上に $|\vec{DP}| = \dfrac{1}{3}|\vec{BC}|$ を満たす点 P が2つ存在するための k の条件を求めよ． (一橋大)

発展演習 3

△OAB において，辺 OA を 1:1 に内分する点を M，辺 OB を 2:1 に内分する点を N とし，線分 AN と線分 BM の交点を P とする．$|\vec{OA}| = 1$ とする．辺 OA を含む直線を l，辺 OB を含む直線を m とする．△ABP の外接円が l，m に接するとき，内積 $\vec{OA} \cdot \vec{OB}$ を求めよ． (東北大)

発展演習 4

平面上に一直線上にはない3点 A, B, C がある.
点 P が
$$a\overrightarrow{PA} + b\overrightarrow{PB} + c\overrightarrow{PC} = \vec{0},$$
$$a>0, \ b<0, \ c<0, \ a+b+c<0$$
を満たすならば, 点 P は図の番号 □ の範囲に存在する.

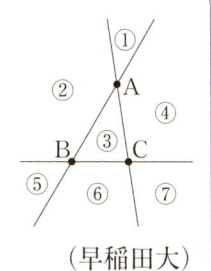

(早稲田大)

発展演習 5

平面上に原点 O から出る, 相異なる2本の半直線 OX, OY をとり, ∠XOY<180° とする. 半直線 OX 上に O と異なる点 A を, 半直線 OY 上に O と異なる点 B をとり, $\vec{a} = \overrightarrow{OA}, \ \vec{b} = \overrightarrow{OB}$ とおく.

(1) 点 C が ∠XOY の二等分線上にあるとき, $\vec{c} = \overrightarrow{OC}$ はある実数 t を用いて, $\vec{c} = t\left(\dfrac{\vec{a}}{|\vec{a}|} + \dfrac{\vec{b}}{|\vec{b}|}\right)$ と表されることを示せ.

(2) ∠XOY の二等分線と ∠XAB の二等分線の交点を P とおく. OA=2, OB=3, AB=4 のとき, $\vec{p} = \overrightarrow{OP}$ を, $\vec{a}$ と $\vec{b}$ を用いて表せ. (神戸大)

発展演習 6

円に内接する四角形 ABPC は次の条件 (a), (b) を満たすとする.
(a)　△ABC は正三角形である.
(b)　AP と BC の交点は線分 BC を $p:(1-p)$ $[0<p<1]$ の比に内分する.
このとき, $\overrightarrow{AP}$ を $\overrightarrow{AB}$, $\overrightarrow{AC}$, p を用いて表せ. 　　　（京都大）

発展演習 7

(1) xy 平面で, 動点 P は集合 $M=\{(x,y) \mid x^2+y^2 \leq 1\}$ を, 動点 Q は集合 $N=\{(x,y) \mid |x|+|y| \leq 3\}$ を動くとする. このとき, $\overrightarrow{OR}=\overrightarrow{OP}+\overrightarrow{OQ}$ で表される点 R が動いてできる図形を図示し, その面積 S を求めよ.
　　　ただし, O は原点とする.
(2) xyz 空間で, 動点 P は集合 $M=\{(x,y,z) \mid x^2+y^2+z^2 \leq 1\}$ を, 動点 Q は集合 $N=\{(x,y,z) \mid |x| \leq 1, |y| \leq 1, |z| \leq 1\}$ を動くとする. このとき, $\overrightarrow{OR}=\overrightarrow{OP}+\overrightarrow{OQ}$ で表される点 R が動いてできる図形の体積 V を求めよ. ただし, O は原点とする. 　　　（上智大）

発展演習 8

四面体 ABCD がある. 点 P が $10\overrightarrow{PA}-\overrightarrow{PB}-2\overrightarrow{PC}-3\overrightarrow{PD}=\vec{0}$ を満たしているとき
(1)　$\overrightarrow{AP}$ を $\overrightarrow{AB}$, $\overrightarrow{AC}$, $\overrightarrow{AD}$ を用いて表せ.
(2)　四面体 ABCD と四面体 PBCD の体積の比を求めよ.

発展演習 9

座標空間に 4 点 A $(2, 1, 0)$, B $(1, 0, 1)$, C $(0, 1, 2)$, D $(1, 3, 7)$ がある．
3 点 A，B，C を通る平面に関して点 D と対称な点を E とするとき，点 E の座標を求めよ．
（京都大）

発展演習 10

xyz 空間内の平面 $z=0$ の上に $x^2+y^2=25$ により定まる円 C があり，平面 $z=4$ の上に $x=1$ により定まる y 軸に平行な直線 l がある．

(1) 点 P $(6, 8, 15)$ から C 上の点への距離の最小値を求めよ．
(2) C 上の点で，l 上の点への距離の最小値が 5 であるものをすべて求めよ．

（一橋大）

▶著者プロフィール◀

松田 聡平（まつだ そうへい）

東進ハイスクール・東進衛星予備校，河合塾，
Benesseお茶の水ゼミナール　数学講師．
（株）建築と数理　代表取締役社長．
京都市生まれ．東京大学大学院工学系研究科博士課程満期．
全国の数万人の受験生を対象に，基礎レベルから東大レベルまでを担当し，特に上位層からは，その「射程の長い，本質的な数学」は高い評価を得ている．
教育コンサルタント，イラストレーターとしても活躍．
著書の『松田の数学ⅠAⅡB典型問題Type100』（東進ブックス）は，受験生必携の書．

ベクトル　解法のパターン30
2015年12月25日　　初 版　第1刷発行

著　者　松田 聡平（まつだ そうへい）
発行者　片岡 巌
発行所　株式会社技術評論社
　　　　東京都新宿区市谷左内町21-13
　　　　電話　03-3513-6150　販売促進部
　　　　　　　03-3267-2270　書籍編集部
印刷／製本　株式会社加藤文明社

定価はカバーに表示してあります．

本書の一部または全部を著作権法の定める範囲を超え，無断で複写，複製，転載，テープ化，ファイルに落とすことを禁じます．
©2015　（株）建築と数理

> 造本には細心の注意を払っておりますが，万一，乱丁（ページの乱れ）や落丁（ページの抜け）がございましたら，小社販売促進部までお送りください．送料小社負担にてお取り替えいたします．

●装丁　下野ツヨシ（ツヨシ＊グラフィックス）
●本文デザイン、DTP　株式会社 RUHIA

ISBN978-4-7741-7739-7　C7041
Printed in Japan

単元攻略 ベクトル 解法のパターン30

●別冊
演習と発展演習の
解答・解説

技術評論社

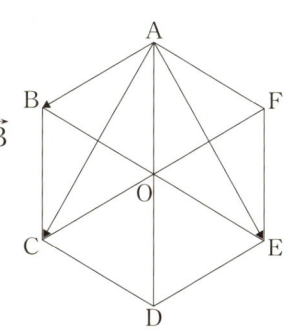

演習 1-1

正六角形 ABCDEF がある．$\vec{AC} = k\vec{AB} + l\vec{AE}$ と表すとき，k, l の値を求めよ．
（慶応義塾大）

● ヒント　ベクトルの加減の問題は，ベクトルの性質「**平行移動可能**」「**寄道可能**」を用いて考えよう！

── ▶ 解答 1 ◀ ──

正六角形の中心を O とすると

$$\vec{AC} = \vec{AB} + \vec{AO} = \vec{AB} + \frac{1}{2}\vec{AD}$$
$$= \vec{AB} + \frac{1}{2}(\vec{AE} + \vec{AD}) = \vec{AB} + \frac{1}{2}\vec{AE} + \frac{1}{2}\vec{AB}$$
$$= \frac{3}{2}\vec{AB} + \frac{1}{2}\vec{AE}$$

$\therefore\ k = \dfrac{3}{2},\ l = \dfrac{1}{2}$

── ▶ 解答 2 ◀ ──

$\vec{AB} = \vec{b}$，$\vec{AF} = \vec{f}$ とする．　…①

$$\vec{AO} = \vec{b} + \vec{f}$$
$$\vec{AE} = \vec{AF} + \vec{FE} = \vec{AF} + \vec{AO} = \vec{b} + 2\vec{f}$$
$$\vec{AC} = \vec{AB} + \vec{BC} = \vec{AB} + \vec{AO} = 2\vec{b} + \vec{f}$$

$$\vec{AC} = k\vec{AB} + l\vec{AE}$$
$$\Leftrightarrow\ 2\vec{b} + \vec{f} = k\vec{b} + l(\vec{b} + \vec{f})$$
$$= (k+l)\vec{b} + 2l\vec{f}$$

係数を比較して，$k + l = 2,\ 2l = 1$

$\therefore\ k = \dfrac{3}{2},\ l = \dfrac{1}{2}$

＊　①は，「任意の平面ベクトルは，必ず2つの基本ベクトルの一次結合の形で一意的に表現できる」ということから，単純なベクトルとして $\vec{b}, \vec{f}$ を設定して考えている．

演習 1-2

Ⅰ 2つのベクトル $\vec{a}=(1,2)$, $\vec{b}=(3,1)$ と実数 t に対して $\vec{p}=\vec{a}+t\vec{b}$ とおくとき, $\vec{p}$ の大きさが5となる t の値と $\vec{p}$ を求めよ. (山形大)

Ⅱ $a<0$ に対して, 点 A (a,a), B $(0,a)$ をとる. 点 C $(1,0)$, D $(-2,-1)$ に対して, 2つのベクトル $\overrightarrow{CA}$, $\overrightarrow{DB}$ が平行となるときの a の値を求めよ. (明治大)

Ⅲ $\vec{a}=(-2,3)$ に垂直な単位ベクトルを求めよ.

● ヒント Ⅰ t を用いて成分を表現して, 大きさを t で表そう！
　　　　Ⅱ 平行条件 $\overrightarrow{CA} /\!/ \overrightarrow{DB}$ ⇔ $\overrightarrow{CA}=k\overrightarrow{DB}$ (k は実数) を考えよう！
　　　　Ⅲ 座標平面に $\vec{a}$ を描いて考えよう！(内積による垂直条件から考えてもよい.)

─▶ 解答 1 ◀─

Ⅰ $\vec{p}=\vec{a}+t\vec{b}=(3t+1, t+2)$
$|\vec{p}|^2=(3t+1)^2+(t+2)^2=5(2t^2+2t+1)=5^2$
⇔ $(t+2)(t-1)=0$ ∴ $t=-2, 1$
∴ $t=-2$ のとき $\vec{p}=(-5,0)$, $t=1$ のとき $\vec{p}=(4,3)$

Ⅱ $\overrightarrow{CA}=(a-1, a)$, $\overrightarrow{DB}=(2, a+1)$
$\overrightarrow{CA} /\!/ \overrightarrow{DB}$ ⇔ $\overrightarrow{CA}=k\overrightarrow{DB}$ (k は実数) ⇔ $(a-1, a)=k(2, a+1)$
各成分を比較して, $a-1=2k$, $a=k(a+1)$ ∴ $k=\dfrac{a-1}{2}$
$a=\dfrac{a-1}{2}(a+1)$ ⇔ $a^2-2a-1=0$ これを解いて, $a<0$ から $a=1-\sqrt{2}$

Ⅲ 右図から, $\vec{a}$ に垂直なベクトルの1つは, $\vec{b}=(3,2)$.
$|\vec{b}|=\sqrt{13}$ であり, 逆向きも考えて,
$$\left(\dfrac{3}{\sqrt{13}}, \dfrac{2}{\sqrt{13}}\right), \left(-\dfrac{3}{\sqrt{13}}, -\dfrac{2}{\sqrt{13}}\right)$$

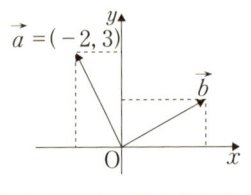

─▶ 解答 2 ◀─

Ⅲ 求めるベクトルを $\vec{e}=(c,d)$ とする.
$\vec{a}\cdot\vec{e}=0$, $|\vec{e}|=1$ より, $-2c+3d=0$, $c^2+d^2=1$
∴ $c=\pm\dfrac{3}{\sqrt{13}}$, $d=\pm\dfrac{2}{\sqrt{13}}$ (複号同順)
よって $\left(\dfrac{3}{\sqrt{13}}, \dfrac{2}{\sqrt{13}}\right), \left(-\dfrac{3}{\sqrt{13}}, -\dfrac{2}{\sqrt{13}}\right)$

演習 1-3

Ⅰ p を正の数とし,ベクトル $\vec{a}=(1, 1)$ と $\vec{b}=(1, -p)$ があるとする.いま,$\vec{a}$ と $\vec{b}$ のなす角が $60°$ のとき,p の値を求めよ. (立教大)

Ⅱ $\vec{a}=(1, 2)$, $\vec{b}=(-3, -1)$ のとき $\vec{a}$ と $\vec{a}-k\vec{b}$ が直交するとき,$k=\boxed{}$ である.

Ⅲ 零ベクトルでない 2 つのベクトル $\vec{a}$, $\vec{b}$ に対して,$\vec{a}+t\vec{b}$ と $\vec{a}+3t\vec{b}$ が垂直であるような実数 t がただ 1 つ存在するとき,$\vec{a}$ と $\vec{b}$ のなす角 θ ($0° \leqq \theta \leqq 180°$) を求めよ. (関西大)

● ヒント　Ⅰ　**大きさと内積**からなす角の cos を表現しよう！
　　　　　Ⅱ　**垂直条件** $\vec{a} \perp (\vec{a}-k\vec{b}) \Leftrightarrow \vec{a} \cdot (\vec{a}-k\vec{b}) = 0$ を考えよう！
　　　　　Ⅲ　垂直条件から,t の **2 次方程式**を導き,t の実数解がただ 1 つ存在する条件（$D=0$）を考えよう！

— ▶解答 ◀ —

Ⅰ $\vec{a} \cdot \vec{b} = 1 \cdot 1 + 1 \cdot (-p) = 1-p$, $|\vec{a}| = \sqrt{2}$, $|\vec{b}| = \sqrt{1+p^2}$

$$\cos 60° = \frac{\vec{a} \cdot \vec{b}}{|\vec{a}||\vec{b}|} = \frac{1-p}{\sqrt{2(1+p^2)}} = \frac{1}{2} \quad \Leftrightarrow \quad \sqrt{2}(1-p) = \sqrt{1+p^2} \quad \cdots ①$$

両辺 2 乗して整理すると,$p^2 - 4p + 1 = 0$　　∴ $p = 2 \pm \sqrt{3}$

①より,$p < 1$ であるから　$p = 2 - \sqrt{3}$

Ⅱ $\vec{a} \perp (\vec{a}-k\vec{b}) \Leftrightarrow \vec{a} \cdot (\vec{a}-k\vec{b}) = 0$
$\Leftrightarrow |\vec{a}|^2 - k(\vec{a} \cdot \vec{b}) = 0$
$\Leftrightarrow 5 + 5k = 0$　　∴ $k = -1$

Ⅲ $(\vec{a}+t\vec{b}) \perp (\vec{a}+3t\vec{b}) \Leftrightarrow (\vec{a}+t\vec{b}) \cdot (\vec{a}+3t\vec{b}) = 0$
$\Leftrightarrow 3|\vec{b}|^2 t^2 + 4(\vec{a} \cdot \vec{b})t + |\vec{a}|^2 = 0$

$(\vec{a}+t\vec{b}) \perp (\vec{a}+3t\vec{b})$ であるような実数 t がただ 1 つ存在するための条件は,この t についての 2 次方程式の判別式 $D=0$

∴ $D/4 = 4(\vec{a} \cdot \vec{b})^2 - 3|\vec{a}|^2|\vec{b}|^2 = 0$
$\Leftrightarrow 4|\vec{a}|^2|\vec{b}|^2 \cos^2\theta - 3|\vec{a}|^2|\vec{b}|^2 = 0$

$|\vec{a}| \neq 0$, $|\vec{b}| \neq 0$ より　$\cos\theta = \pm\dfrac{\sqrt{3}}{2}$.

$0° \leqq \theta \leqq 180°$ より　$\theta = 30°, 150°$

演習 2-1

$\vec{a}$, $\vec{b}$ が, $|2\vec{a}+\vec{b}|=2$, $|3\vec{a}-5\vec{b}|=1$ を満たしている. $\vec{p}=2\vec{a}+\vec{b}$, $\vec{q}=3\vec{a}-5\vec{b}$ とおく.

(1) $\vec{a}$ と $\vec{b}$ をそれぞれ $\vec{p}$ と $\vec{q}$ を用いて表せ.
(2) $\vec{p}\cdot\vec{q}$ のとりうる値の範囲を求めよ.
(3) $|\vec{a}+\vec{b}|$ の最大値と最小値を求めよ.

● ヒント 「ベクトルの大きさ」についての条件は, 2乗して考えよう！

─▶ 解答 ◀───

(1) $\vec{p}=2\vec{a}+\vec{b}$ …①, $\vec{q}=3\vec{a}-5\vec{b}$ …②

①×5+② より $\vec{a}=\dfrac{5}{13}\vec{p}+\dfrac{1}{13}\vec{q}$

①×3−②×2 より $\vec{b}=\dfrac{3}{13}\vec{p}-\dfrac{2}{13}\vec{q}$

(2) $\vec{p}$, $\vec{q}$ のなす角を θ とすると
$$\vec{p}\cdot\vec{q}=|\vec{p}||\vec{q}|\cos\theta=2\cos\theta$$
$-1\leqq\cos\theta\leqq 1$ であるから $-2\leqq\vec{p}\cdot\vec{q}\leqq 2$

(3) $|\vec{a}+\vec{b}|^2=\left|\dfrac{8}{13}\vec{p}-\dfrac{1}{13}\vec{q}\right|^2$

$\qquad=\dfrac{1}{13^2}(64|\vec{p}|^2-16\vec{p}\cdot\vec{q}+|\vec{q}|^2)$

$\qquad=\dfrac{1}{13^2}(257-16\vec{p}\cdot\vec{q})$

$-2\leqq\vec{p}\cdot\vec{q}\leqq 2$ より,

$$\dfrac{225}{13^2}\leqq|\vec{a}+\vec{b}|^2\leqq\dfrac{289}{13^2}$$

$\therefore\ \dfrac{15}{13}\leqq|\vec{a}+\vec{b}|\leqq\dfrac{17}{13}$

よって, $|\vec{a}+\vec{b}|$ の最大値は $\dfrac{17}{13}$, 最小値は $\dfrac{15}{13}$.

演習 2-2

△ABC において，AB=5, AC=4, ∠BAC=60° とする．頂点 A から辺 BC に下ろした垂線と BC との交点を H とし，辺 AC に関する点 B の対称点を点 D とする．$\vec{AB}=\vec{b}, \vec{AC}=\vec{c}$ とする．

(1) $\vec{AH}$ を $\vec{b}, \vec{c}$ で表せ． (2) $\vec{AD}$ を $\vec{b}, \vec{c}$ で表せ．

● ヒント　$\vec{AH}$ は BH:HC=s:1−s とおいて，**垂直条件**を考えよう！
　　　　　$\vec{AD}$ は**点 B から辺 AC に垂線**をおろして，対称点 D の位置を考えよう！

─▶ 解答 1 ◀─

(1) $|\vec{b}|=5, |\vec{c}|=4, \vec{b}\cdot\vec{c}=5\cdot4\cos60°=10$ …①

　BH:HC=s:1−s (0<s<1) とすると，$\vec{AH}=(1-s)\vec{b}+s\vec{c}$．

$\vec{AH}\perp\vec{BC} \Leftrightarrow \vec{AH}\cdot\vec{BC}=0$
$\Leftrightarrow \{(1-s)\vec{b}+s\vec{c}\}\cdot(\vec{c}-\vec{b})=0$
$\Leftrightarrow 25(s-1)+10(1-2s)+16s=0$

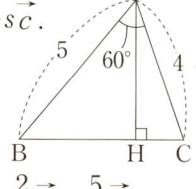

∴ $s=\dfrac{5}{7}$　これは 0<s<1 をみたす．　∴ $\vec{AH}=\dfrac{2}{7}\vec{b}+\dfrac{5}{7}\vec{c}$

(2) BD と辺 AC の交点を I とすると，

　AI=AB cos60°=$\dfrac{5}{2}$　∴　AI:IC=5:3

よって　$\vec{AI}=\dfrac{5}{8}\vec{c}$

∴　$\vec{BI}=\vec{AI}-\vec{AB}=\dfrac{5}{8}\vec{c}-\vec{b}$

∴　$\vec{AD}=\vec{AB}+\vec{BD}=\vec{AB}+2\vec{BI}=-\vec{b}+\dfrac{5}{4}\vec{c}$

─▶ 解答 2 ◀─

(1) $\vec{BH}$ は，$\vec{BA}$ の $\vec{BC}$ への正射影ベクトルであるから，

$$\vec{BH}=\dfrac{\vec{BC}\cdot\vec{BA}}{|\vec{BC}|^2}\vec{BC}=\dfrac{(\vec{c}-\vec{b})\cdot(-\vec{b})}{|\vec{c}-\vec{b}|^2}=\dfrac{5}{7}\vec{BC}$$

∴　$\vec{AH}=\vec{AB}+\vec{BH}=\dfrac{2}{7}\vec{b}+\dfrac{5}{7}\vec{c}$

(2) $\vec{AI}$ は，$\vec{AB}$ の $\vec{AC}$ への正射影ベクトルであるから，

$$\vec{AI}=\dfrac{\vec{AB}\cdot\vec{AC}}{|\vec{AC}|^2}\vec{AC}=\dfrac{5}{8}\vec{AC}$$

∴　$\vec{AD}=\vec{AB}+2\vec{BI}=\vec{AB}+2(\vec{AI}-\vec{AB})=-\vec{b}+\dfrac{5}{4}\vec{c}$

演習 2-3

I　平面上の2つのベクトル $\vec{p}$, $\vec{q}$ が $|\vec{p}+\vec{q}|=\sqrt{13}$, $|\vec{p}-\vec{q}|=1$, $|\vec{p}|=\sqrt{3}$ を満たしている．このとき，$\vec{p}$ と $\vec{q}$ で作られる三角形の面積 S を求めよ．　　　　　　　　　　（慶応義塾大）

II　半径1の円に内接する△ABCにおいて，$|\overrightarrow{\mathrm{BC}}|=\dfrac{6}{5}$, $\overrightarrow{\mathrm{AB}}\cdot\overrightarrow{\mathrm{AC}}=1$ とする．△ABCの面積 S を求めよ．

● ヒント　I II　三角形の面積を求めるために，**内積** $\vec{a}\cdot\vec{b}$ と**大きさの積** $|\vec{a}||\vec{b}|$ を用意しよう！

─▶ 解答 ◀─

I　$|\vec{p}+\vec{q}|^2 = |\vec{p}|^2 + 2\vec{p}\cdot\vec{q} + |\vec{q}|^2 = 13$ 　…①

　$|\vec{p}-\vec{q}|^2 = |\vec{p}|^2 - 2\vec{p}\cdot\vec{q} + |\vec{q}|^2 = 1$ 　…②

① － ② から

$$4\vec{p}\cdot\vec{q} = 12 \iff \vec{p}\cdot\vec{q} = 3$$

$|\vec{p}|=\sqrt{3}$ と $\vec{p}\cdot\vec{q}=3$ を②に代入して

$$|\vec{q}|^2 = 4 \quad \therefore \quad |\vec{q}| = 2$$

$$\therefore\ S = \dfrac{1}{2}\sqrt{|\vec{p}|^2|\vec{q}|^2 - (\vec{p}\cdot\vec{q})^2} = \dfrac{\sqrt{3}}{2}$$

II　△ABCの外接円の半径が1であるから，正弦定理により

$$\dfrac{|\overrightarrow{\mathrm{BC}}|}{\sin A} = 2R \iff \dfrac{6}{5\sin A} = 2 \quad \therefore \quad \sin A = \dfrac{3}{5}$$

$A < 180°$ より，$\cos A = \sqrt{1-\sin^2 A} = \dfrac{4}{5}$

$$|\overrightarrow{\mathrm{AB}}||\overrightarrow{\mathrm{AC}}| = \dfrac{\overrightarrow{\mathrm{AB}}\cdot\overrightarrow{\mathrm{AC}}}{\cos A} = \dfrac{5}{4}$$

$$\therefore\ S = \dfrac{1}{2}\sqrt{|\overrightarrow{\mathrm{AB}}|^2|\overrightarrow{\mathrm{AC}}|^2 - (\overrightarrow{\mathrm{AB}}\cdot\overrightarrow{\mathrm{AC}})^2} = \dfrac{3}{8}$$

＊　I は，右図を考えて，$|\vec{q}|=x$ とおき，余弦定理を2本立てて，x を求めることもできる．

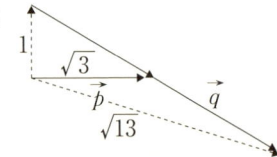

演習 3-1

△ABC の辺 AB を 5：2 に内分する点を D，辺 AC を 5：3 に内分する点を E とするとき，線分 DE は△ABC の重心 G を通ることを示せ．また，そのとき DG：GE を求めよ．

● ヒント　線分 DE が重心 G を通ることを示すために，「$\vec{DG} = k\vec{DE}$ (k は実数)」を示そう！

── ▶ 解答 1 ◀ ──

$\vec{b} = \vec{AB}$, $\vec{c} = \vec{AC}$ とする．
$\vec{AD} = \dfrac{5}{7}\vec{b}$, $\vec{AE} = \dfrac{5}{8}\vec{c}$ より，

$$\vec{DE} = \vec{AE} - \vec{AD} = -\dfrac{5}{7}\vec{b} + \dfrac{5}{8}\vec{c} \quad \cdots ①$$

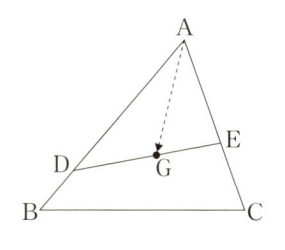

一方，$\vec{AG} = \dfrac{1}{3}\vec{b} + \dfrac{1}{3}\vec{c}$ より，

$$\vec{DG} = \vec{AG} - \vec{AD} = -\dfrac{8}{21}\vec{b} + \dfrac{1}{3}\vec{c} \quad \cdots ②$$

①②より，

$\vec{DG} = \dfrac{8}{15}\vec{DE}$ であるから，線分 DE は重心 G を通る．また，DG：GE＝8：7．

── ▶ 解答 2 ◀ ──

$\vec{AD} = \dfrac{5}{7}\vec{b}$, $\vec{AG} = \dfrac{1}{3}\vec{b} + \dfrac{1}{3}\vec{c}$ より，

$$\vec{DG} = \vec{AG} - \vec{AD} = -\dfrac{8}{21}\vec{b} + \dfrac{1}{3}\vec{c}$$

直線 DG と辺 AC の交点を P とすると，

$\vec{AP} = \vec{AD} + k\vec{DG}$ (k は実数)
$= \dfrac{5}{7}\vec{b} + k\left(-\dfrac{8}{21}\vec{b} + \dfrac{1}{3}\vec{c}\right) = \left(\dfrac{5}{7} - \dfrac{8}{21}k\right)\vec{b} + \dfrac{1}{3}k\vec{c}$

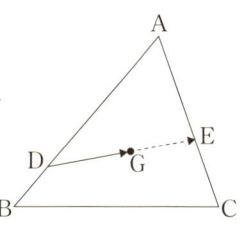

点 P は辺 AC 上なので，

$$\dfrac{5}{7} - \dfrac{8}{21}k = 0 \iff k = \dfrac{15}{8} \quad \cdots ③$$

∴ $\vec{AP} = \dfrac{5}{8}\vec{c}$ となるので，点 P と点 E は一致する．

よって，線分 DE は重心 G を通り，③より DG：GE＝8：7．

演習 3-2

四角形 ABCD があり，$\vec{AB} = \vec{b}$，$\vec{AD} = \vec{d}$ とおくとき，頂点 C は $\vec{AC} = \dfrac{4}{5}\vec{b} + \dfrac{3}{5}\vec{d}$ を満たす．

(1) 直線 AB と DC の交点を E，直線 AD と BC の交点を F とする．ベクトル $\vec{AE}$ と $\vec{AF}$ を $\vec{b}$ と $\vec{d}$ を用いて表せ．

(2) 線分 BD の中点を Q，線分 EF の中点を R とするとき，ベクトル $\vec{QR}$ を $\vec{b}$ と $\vec{d}$ を用いて表せ．

(3) 線分 AC の中点を P とするとき，3 点 P，Q，R は同一直線上にあることを証明せよ．

● ヒント　**パラメータ**を用いて，**寄道法**でベクトルを表現して，各ベクトルの係数に注目しよう！

── ▶ 解答 ◀ ──

(1) $\vec{AE} = \vec{AD} + \vec{DE} = \vec{AD} + k\vec{DC} = \dfrac{4}{5}k\vec{b} + \left(1 - \dfrac{2}{5}k\right)\vec{d}$

$\vec{b}$，$\vec{d}$ は 1 次独立なので，

$1 - \dfrac{2}{5}k = 0 \Leftrightarrow k = \dfrac{5}{2}$　∴ $\vec{AE} = 2\vec{b}$

$\vec{AF} = \vec{AB} + \vec{BF} = \vec{AB} + l\vec{BC} = \left(1 - \dfrac{1}{5}l\right)\vec{b} + \dfrac{3}{5}l\vec{d}$

$\vec{b}$，$\vec{d}$ は 1 次独立なので，

$1 - \dfrac{1}{5}l = 0 \Leftrightarrow l = 5$　∴ $\vec{AF} = 3\vec{d}$

(2) $\vec{AQ} = \dfrac{\vec{b} + \vec{d}}{2}$，$\vec{AR} = \dfrac{\vec{AE} + \vec{AF}}{2} = \dfrac{2\vec{b} + 3\vec{d}}{2}$

∴ $\vec{QR} = \vec{AR} - \vec{AQ} = \dfrac{1}{2}\vec{b} + \vec{d}$

(3) $\vec{AP} = \dfrac{1}{2}\vec{AC} = \dfrac{2}{5}\vec{b} + \dfrac{3}{10}\vec{d}$　より，

$\vec{PR} = \vec{AR} - \vec{AP} = \dfrac{6}{5}\left(\dfrac{1}{2}\vec{b} + \vec{d}\right)$

∴ $\vec{PR} = \dfrac{6}{5}\vec{QR}$　よって，3 点 P，Q，R は同一直線上　■

演習 3-3

三角形 OAB の 2 辺 OA，OB をそれぞれ 3:1，4:1 に内分する点を C，D とし，BC と AD の交点を P，CD と OP の交点を Q とする．$\overrightarrow{OA}$，$\overrightarrow{OB}$ をそれぞれ $\vec{a}$，$\vec{b}$ とおく．

(1) $\overrightarrow{OP}$ を $\vec{a}$，$\vec{b}$ を使って表せ． (2) $\overrightarrow{OQ}$ を $\vec{a}$，$\vec{b}$ を使って表せ．（東北大）

● ヒント　交点を **2通りで表現**して，係数比較して考えよう！（メネラウスの定理，チェバの定理も有効）

---▶ 解答 1 ◀---

(1) $\overrightarrow{AP} = s\overrightarrow{AD}$（$s$ は実数）とすると

$$\overrightarrow{OP} = \overrightarrow{OA} + \overrightarrow{AP} = \overrightarrow{OA} + s\overrightarrow{AD} = (1-s)\vec{a} + \frac{4}{5}s\vec{b} \quad \cdots ①$$

$\overrightarrow{CP} = t\overrightarrow{CB}$（$t$ は実数）とすると

$$\overrightarrow{OP} = \overrightarrow{OC} + \overrightarrow{CP} = \overrightarrow{OC} + t\overrightarrow{CB} = \frac{3}{4}(1-t)\vec{a} + t\vec{b} \quad \cdots ②$$

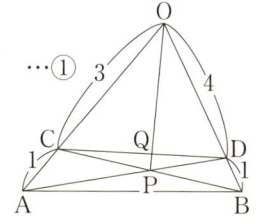

①，② より，$s = \dfrac{5}{8}$，$t = \dfrac{1}{2}$　∴　$\overrightarrow{OP} = \dfrac{3}{8}\vec{a} + \dfrac{1}{2}\vec{b}$

(2) $\overrightarrow{OQ} = k\overrightarrow{OP}$ とすると　$\overrightarrow{OQ} = \dfrac{3}{8}k\vec{a} + \dfrac{1}{2}k\vec{b}$，$\vec{a} = \dfrac{4}{3}\overrightarrow{OC}$，$\vec{b} = \dfrac{5}{4}\overrightarrow{OD}$

$$\overrightarrow{OQ} = \frac{3}{8}k \cdot \frac{4}{3}\overrightarrow{OC} + \frac{1}{2}k \cdot \frac{5}{4}\overrightarrow{OD} = \frac{1}{2}k\overrightarrow{OC} + \frac{5}{8}k\overrightarrow{OD}$$

Q は線分 CD 上の点であるから　$\dfrac{1}{2}k + \dfrac{5}{8}k = 1$　∴　$k = \dfrac{8}{9}$

∴　$\overrightarrow{OQ} = \dfrac{1}{3}\vec{a} + \dfrac{4}{9}\vec{b}$

---▶ 解答 2 ◀---

(1) △OAD と直線 CB に関し，メネラウスの定理より，

$\dfrac{OC}{CA} \cdot \dfrac{AP}{PD} \cdot \dfrac{DB}{BO} = 1$　∴　AP : PD = 5 : 3

∴　$\overrightarrow{OP} = \dfrac{3\overrightarrow{OA} + 5\overrightarrow{OD}}{5+3} = \dfrac{3}{8}\vec{a} + \dfrac{1}{2}\vec{b}$

(2) △OCD と点 P に関し，チェバの定理より，

$\dfrac{OA}{AC} \cdot \dfrac{CQ}{QD} \cdot \dfrac{DB}{BO} = 1$　∴　CQ : QD = 5 : 4

∴　$\overrightarrow{OQ} = \dfrac{4\overrightarrow{OC} + 5\overrightarrow{OD}}{5+4} = \dfrac{1}{3}\vec{a} + \dfrac{4}{9}\vec{b}$

演習 4-1

三角形 ABC の内部の点 P について，$\vec{AP} + 2\vec{BP} + 3\vec{CP} = \vec{0}$ が成り立っているとする．このとき $\vec{AP}$ を $\vec{AB}$，$\vec{AC}$ を用いて表すと $\vec{AP} = \boxed{}^{ア}$ と表せる．また，直線 CP と直線 AB との交点を Q として，$\vec{AQ} = k\vec{AB}$ とすると $k = \boxed{}^{イ}$ である．

（慶応義塾大）

● ヒント　始点を A に揃えて，$\vec{AP}$ を $\vec{AB}$，$\vec{AC}$ で表現して，**分点の形を抽出**しよう！

---▶ 解答 1 ◀---

$\vec{AP} + 2\vec{BP} + 3\vec{CP} = \vec{0}$ から

$\vec{AP} + 2(\vec{AP} - \vec{AB}) + 3(\vec{AP} - \vec{AC}) = \vec{0}$

$\Leftrightarrow \vec{AP} = \dfrac{1}{6}(2\vec{AB} + 3\vec{AC}) =^{ア} \dfrac{1}{3}\vec{AB} + \dfrac{1}{2}\vec{AC}$ …①

$\vec{AQ} = \vec{AC} + t\vec{CP} = \vec{AC} + t(\vec{AP} - \vec{AC})$ （t は実数）

　　　$= \dfrac{1}{3}t\vec{AB} + \left(1 - \dfrac{t}{2}\right)\vec{AC}$ …②

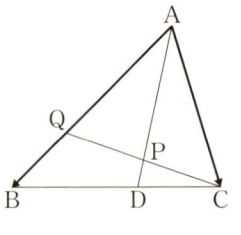

Q は直線 AB 上であるから，
② において $\vec{AC}$ の係数は 0 となるので，$t = 2$．
よって，$\vec{AQ} = \dfrac{2}{3}\vec{AB}$　∴　$k =^{イ} \dfrac{2}{3}$

---▶ 解答 2 ◀---

（① まで同様）
$\vec{AQ} = k\vec{AB}$ より $\vec{AB} = \dfrac{1}{k}\vec{AQ}$ であるから

$$\vec{AP} = \dfrac{1}{3k}\vec{AQ} + \dfrac{1}{2}\vec{AC}$$

点 P は直線 CQ 上にあるから，共線条件より

$$\dfrac{1}{3k} + \dfrac{1}{2} = 1 \quad ∴ \quad k =^{イ} \dfrac{2}{3}$$

＊　$\vec{AP} = \dfrac{5}{6}\left(\dfrac{2}{5}\vec{AB} + \dfrac{3}{5}\vec{AC}\right)$ より，BD：DC = 3：2，AP：PD = 5：1 であるから，メネラウスの定理を用いて，AQ：QB の値を求めてもよい．

演習 4-2

点 O 中心,半径 1 の円周上に 3 点 A, B, C があり,$2\overrightarrow{OA} + 3\overrightarrow{OB} + 4\overrightarrow{OC} = \vec{0}$ を満たしている.直線 OA と直線 BC の交点を P とする.

(1) BP : PC を求めよ.
(2) △OBC の面積を求めよ.
(3) 線分 AP,線分 BC の長さを求めよ.

(近畿大)

● ヒント 一つのベクトルだけを**分離**して,「**両辺の大きさをとって 2 乗**」して考えよう!

解答

(1) $2\overrightarrow{OA} + 3\overrightarrow{OB} + 4\overrightarrow{OC} = \vec{0}$

$\Leftrightarrow \overrightarrow{OA} = -\dfrac{1}{2}(3\overrightarrow{OB} + 4\overrightarrow{OC}) = -\dfrac{7}{2} \cdot \dfrac{3\overrightarrow{OB} + 4\overrightarrow{OC}}{7}$

$\dfrac{3\overrightarrow{OB} + 4\overrightarrow{OC}}{7}$ で表される点は辺 BC 上なので,

$\overrightarrow{OP} = \dfrac{3\overrightarrow{OB} + 4\overrightarrow{OC}}{7}$

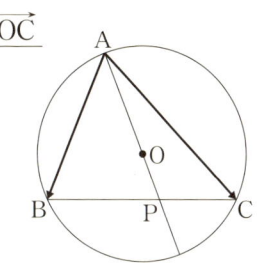

P は線分 BC を 4 : 3 の比に内分する.

BP : PC = 4 : 3

(2) $|\overrightarrow{OA}| = |\overrightarrow{OB}| = |\overrightarrow{OC}| = 1$

条件式から $3\overrightarrow{OB} + 4\overrightarrow{OC} = -2\overrightarrow{OA}$ …①

両辺の大きさをとって 2 乗すると

$|3\overrightarrow{OB} + 4\overrightarrow{OC}|^2 = |-2\overrightarrow{OA}|^2$

$\Leftrightarrow 9|\overrightarrow{OB}|^2 + 24\overrightarrow{OB} \cdot \overrightarrow{OC} + 16|\overrightarrow{OC}|^2 = 4|\overrightarrow{OA}|^2$

$\Leftrightarrow 9 + 24\overrightarrow{OB} \cdot \overrightarrow{OC} + 16 = 4 \quad \therefore \quad \overrightarrow{OB} \cdot \overrightarrow{OC} = -\dfrac{7}{8}$

$\therefore \triangle OBC = \dfrac{1}{2}\sqrt{|\overrightarrow{OB}|^2|\overrightarrow{OC}|^2 - (\overrightarrow{OB} \cdot \overrightarrow{OC})^2} = \dfrac{1}{2}\sqrt{1 - \left(-\dfrac{7}{8}\right)^2} = \dfrac{\sqrt{15}}{16}$

(3) (1)から $\overrightarrow{OP} = -\dfrac{2}{7}\overrightarrow{OA} \quad \therefore \quad |\overrightarrow{AP}| = \dfrac{9}{7}|\overrightarrow{OA}| = \dfrac{9}{7}$

$|\overrightarrow{BC}|^2 = |\overrightarrow{OC} - \overrightarrow{OB}|^2 = |\overrightarrow{OC}|^2 - 2\overrightarrow{OB} \cdot \overrightarrow{OC} + |\overrightarrow{OB}|^2 = \dfrac{15}{4}$

$\therefore \quad |\overrightarrow{BC}| = \dfrac{\sqrt{15}}{2}$

演習 4-3

平面上に△OABがあり，OA = 5，OB = 6，AB = 7を満たしている．s, t を実数とし，点Pを $\overrightarrow{OP} = s\overrightarrow{OA} + t\overrightarrow{OB}$ によって定める．

(1) s, t が $s \geq 0, t \geq 0, 1 \leq s+t \leq 2$ を満たすとき，点Pが存在する領域の面積を求めよ．

(2) s, t が $s \geq 0, t \geq 0, 1 \leq 2s+t \leq 2, s+3t \leq 3$ を満たすとき，点Pが存在する領域の面積を求めよ．

(横浜国大)

● ヒント　係数和について $0 \leq s+t \leq 1$ などを作れるように変形しよう！

──▶ 解答 ◀──

$|\overrightarrow{AB}|^2 = |\overrightarrow{OB} - \overrightarrow{OA}|^2 = |\overrightarrow{OB}|^2 - 2\overrightarrow{OB}\cdot\overrightarrow{OA} + |\overrightarrow{OA}|^2 = 61 - 2\overrightarrow{OA}\cdot\overrightarrow{OB}$

$|\overrightarrow{AB}|^2 = 7^2 = 49$　より，$\overrightarrow{OA}\cdot\overrightarrow{OB} = 6$

$\triangle OAB = \dfrac{1}{2}\sqrt{|\overrightarrow{OA}|^2|\overrightarrow{OB}|^2 - (\overrightarrow{OA}\cdot\overrightarrow{OB})^2} = \dfrac{1}{2}\sqrt{25\cdot 36 - 36} = 6\sqrt{6}$

(1) $\overrightarrow{OC} = 2\overrightarrow{OA}$，$\overrightarrow{OD} = 2\overrightarrow{OB}$ となる点C, Dをとると，

点Pが存在する領域は右図の斜線部．

△OAB ∽ △OCD であり，相似比は 1 : 2．

求める面積は

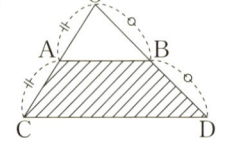

$\triangle OCD - \triangle OAB = 2^2 \triangle OAB - \triangle OAB = 3\triangle OAB = 18\sqrt{6}$

(2) $\overrightarrow{OP} = 2s\left(\dfrac{1}{2}\overrightarrow{OA}\right) + t\overrightarrow{OB}$ $(2s \geq 0, t \geq 0, 1 \leq 2s+t \leq 2)$

$s + 3t \leq 3 \Leftrightarrow \dfrac{s}{3} + t \leq 1$ より，

$\overrightarrow{OP} = \dfrac{s}{3}(3\overrightarrow{OA}) + t\overrightarrow{OB}$ $\left(\dfrac{s}{3} \geq 0, t \geq 0, \dfrac{s}{3} + t \leq 1\right)$

$\overrightarrow{OE} = \dfrac{1}{2}\overrightarrow{OA}$，$\overrightarrow{OF} = 3\overrightarrow{OA}$ となる点 E, F,

線分 AD と線分 FB の交点を G とする．

点Pが存在する領域は，四角形 ADBE の内部と△OFB の内部の共通部分であり，右上図の斜線部．

OE : EA : AF = 1 : 1 : 4 であるから

$$\triangle FEB = \dfrac{5}{2}\triangle OAB = 15\sqrt{6}$$

△FEB ∽ △FAG であり，相似比は 5 : 4．

求める面積は　$\triangle FEB - \triangle FAG = \dfrac{9}{25}\triangle FEB = \dfrac{27\sqrt{6}}{5}$

演習 5-1

3角形 ABC において，BC = a，CA = b，AB = c とする．3角形 ABC の内心を I とするとき，$\overrightarrow{AI}$ を a, b, c を用いて，$\overrightarrow{AB}$, $\overrightarrow{AC}$ で表せ．

● **ヒント**　内心のベクトルは，「角の二等分線の性質」(側辺比 = 内分比) を用いて考えよう！

── ▶ **解答** ◀ ──

AP は ∠BAC の二等分線であるから

　BP : PC = AB : AC = $c : b$.

　∴　$\overrightarrow{AP} = \dfrac{b}{b+c}\overrightarrow{AB} + \dfrac{c}{b+c}\overrightarrow{AC}$

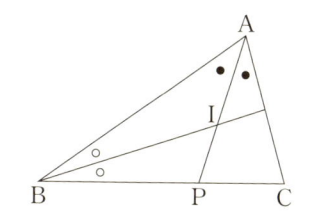

また，BP = $\dfrac{c}{b+c}$BC = $\dfrac{ca}{b+c}$

BI は ∠ABC の二等分線であるから

　AI : IP = BA : BP = $c : \dfrac{ca}{b+c} = b+c : a$

　∴　$\overrightarrow{AI} = \dfrac{b+c}{(b+c)+a}\overrightarrow{AP}$

　　　　$= \dfrac{b+c}{a+b+c}\left(\dfrac{b}{b+c}\overrightarrow{AB} + \dfrac{c}{b+c}\overrightarrow{AC}\right)$

　　　　$= \dfrac{b}{a+b+c}\overrightarrow{AB} + \dfrac{c}{a+b+c}\overrightarrow{AC}$　…①

＊　一般に，3 点 A, B, C で作られる三角形の内心 I のベクトルに関しては，任意の点 O を始点にして，次の公式が成り立つ．

$$\overrightarrow{OI} = \dfrac{1}{a+b+c}(a\overrightarrow{OA} + b\overrightarrow{OB} + c\overrightarrow{OC})$$

この式の点 O を，点 A とすると本問の①になる．

演習 5-2

点 O を中心とする円に四角形 ABCD が内接していて，次を満たす．
$$AB = 1, \quad BC = CD = \sqrt{6}, \quad DA = 2$$

(1) AC を求めよ．
(2) $\vec{AO} \cdot \vec{AD}$ および $\vec{AO} \cdot \vec{AC}$ を求めよ．
(3) $\vec{AO} = x\vec{AC} + y\vec{AD}$ となる x, y の値を求めよ． (一橋大)

● ヒント　外心のベクトルを，**問題の誘導に従って求めよう！**

―▶ 解答 ◀―

(1)　$\angle ADC = \theta$ とおくと， 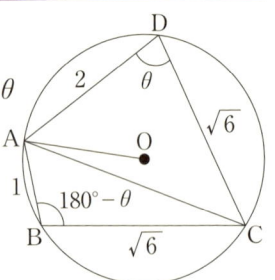
四角形 ABCD は円に内接するから $\angle ABC = 180° - \theta$
△ABC，△ACD において余弦定理より，
$$AC^2 = 7 + 2\sqrt{6}\cos\theta = 10 - 4\sqrt{6}\cos\theta$$
$$\therefore \quad \cos\theta = \frac{1}{2\sqrt{6}} \quad \text{よって} \quad AC = 2\sqrt{2}$$

(2)　中心 O から弦 AD に下ろした垂線は，弦 AD を 2 等分するから 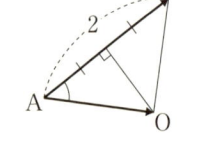
$$\vec{AO} \cdot \vec{AD} = |\vec{AD}||\vec{AO}|\cos\angle OAD$$
$$= |\vec{AD}| \cdot \frac{1}{2}|\vec{AD}| = \frac{1}{2}|\vec{AD}|^2 = 2 \quad \cdots ①$$

同様に，中心 O から弦 AC に下ろした垂線は，弦 AC を 2 等分するから 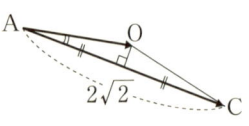
$$\vec{AO} \cdot \vec{AC} = |\vec{AC}||\vec{AO}|\cos\angle OAC$$
$$= |\vec{AC}| \cdot \frac{1}{2}|\vec{AC}| = \frac{1}{2}|\vec{AC}|^2 = 4 \quad \cdots ②$$

(3)　$|\vec{CD}|^2 = |\vec{AD} - \vec{AC}|^2 = |\vec{AD}|^2 - 2\vec{AC} \cdot \vec{AD} + |\vec{AC}|^2 = 12 - 2\vec{AC} \cdot \vec{AD}$
$|\vec{CD}|^2 = \sqrt{6}^2 = 6$ より，$\vec{AC} \cdot \vec{AD} = 3$
$\vec{AO} \cdot \vec{AD} = (x\vec{AC} + y\vec{AD}) \cdot \vec{AD} = x\vec{AC} \cdot \vec{AD} + y|\vec{AD}|^2 = 3x + 4y$
$\vec{AO} \cdot \vec{AC} = (x\vec{AC} + y\vec{AD}) \cdot \vec{AC} = x|\vec{AC}|^2 + y\vec{AD} \cdot \vec{AC} = 8x + 3y$

①，②から　$3x + 4y = 2$, $8x + 3y = 4$
$$\therefore \quad x = \frac{10}{23}, \quad y = \frac{4}{23}$$

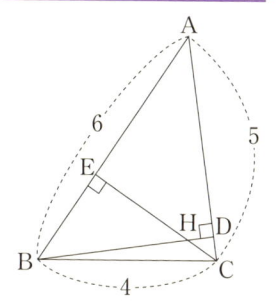

演習 5-3

三角形 ABC において，$|\vec{AB}|=6$，$|\vec{AC}|=5$，$|\vec{BC}|=4$ である．辺 AC 上の点 D は BD⊥AC を満たし，辺 AB 上の点 E は CE⊥AB を満たす．CE と BD の交点を H とする．

(1) $\vec{AD}=r\vec{AC}$ となる実数 r を求めよ．
(2) $\vec{AH}=s\vec{AB}+t\vec{AC}$ となる実数 s，t を求めよ． (一橋大)

● ヒント　垂心のベクトルを，**問題の誘導に従って求めよう！**

――▶ 解答 ◀――

(1) 余弦定理により　$\cos A = \dfrac{6^2+5^2-4^2}{2\times 6\times 5} = \dfrac{3}{4}$

∴　$AD = 6\cos A = \dfrac{9}{2}$

よって　$\vec{AD} = \dfrac{\frac{9}{2}}{5}\vec{AC} = \dfrac{9}{10}\vec{AC}$　∴　$r = \dfrac{9}{10}$

(2) (1)より，$AD:DC = 9:1$．

また，$AE = 5\cos A = \dfrac{15}{4}$ であるから　$\vec{AE} = \dfrac{5}{8}\vec{AB}$

∴　$AE:EB = 5:3$

メネラウスの定理より，

$$\dfrac{EB}{AE}\cdot\dfrac{HD}{BH}\cdot\dfrac{CA}{DC} = 1 \Leftrightarrow \dfrac{3}{5}\cdot\dfrac{HD}{BH}\cdot\dfrac{10}{1} = 1$$

∴　$BH:HD = 6:1$

∴　$\vec{AH} = \dfrac{1}{7}\vec{AB} + \dfrac{6}{7}\vec{AD} = \dfrac{1}{7}\vec{AB} + \dfrac{27}{35}\vec{AC}$

よって，$s = \dfrac{1}{7}$，$t = \dfrac{27}{35}$

---

* $AD:DC=9:1$，$AE:EB=5:3$ から，$\vec{AH}$ を求める方法は，演習 **3-3** のような解法を用いても良い．

演習 6-1

平面上の2点 A, B の位置ベクトル $\vec{a}$, $\vec{b}$ が, $|\vec{a}|=1$, $|\vec{b}|=2$ を満たし, $\vec{a}$ と $\vec{b}$ のなす角が $60°$ のとき, $2\vec{a}-3\vec{b}$ と $2\vec{a}+\vec{b}$ のなす角を θ とすれば, $\cos\theta=$ ⁷□ である. また, 円のベクトル方程式 $(\vec{p}-2\vec{a}+3\vec{b})\cdot(\vec{p}-2\vec{a}-\vec{b})=0$ で定まる円の半径は, ⁴□ である. このとき, 原点 O は, この円の ⁹(内部・周上・外部) である. (明治大)

● ヒント　円を表すベクトル方程式の形を見抜いて考えよう！

── ▶ 解答 ◀ ──

(ア) $\vec{a}\cdot\vec{b}=1\times 2\times\cos 60°=1$
$\vec{u}=2\vec{a}-3\vec{b}$, $\vec{v}=2\vec{a}+\vec{b}$ とすると
$$|\vec{u}|^2=4|\vec{a}|^2-12\vec{a}\cdot\vec{b}+9|\vec{b}|^2=28,$$
$$|\vec{v}|^2=4|\vec{a}|^2+4\vec{a}\cdot\vec{b}+|\vec{b}|^2=12$$
$$\therefore\ |\vec{u}|=2\sqrt{7},\ |\vec{v}|=2\sqrt{3}$$
また, $\vec{u}\cdot\vec{v}=(2\vec{a}-3\vec{b})\cdot(2\vec{a}+\vec{b})$
$$=4|\vec{a}|^2-4\vec{a}\cdot\vec{b}-3|\vec{b}|^2=-12$$
$$\therefore\ \cos\theta=\frac{\vec{u}\cdot\vec{v}}{|\vec{u}||\vec{v}|}={}^{\text{ア}}-\frac{\sqrt{21}}{7}$$

(イ) 原点 O に対し, 点 P, U, V の位置ベクトルをそれぞれ $\vec{p}$, $\vec{u}$, $\vec{v}$ とする. 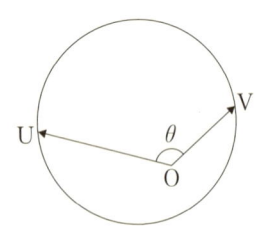
$(\vec{p}-2\vec{a}+3\vec{b})\cdot(\vec{p}-2\vec{a}-\vec{b})=0$
$\Leftrightarrow (\vec{p}-\vec{u})\cdot(\vec{p}-\vec{v})=0$
$\Leftrightarrow \overrightarrow{UP}\cdot\overrightarrow{VP}=0$
$\therefore\ \overrightarrow{UP}\perp\overrightarrow{VP}$

これは, 線分 UV を直径とする円のベクトル方程式である.

$$\therefore\ 求める円の半径は\ \frac{|\overrightarrow{UV}|}{2}=\frac{|\vec{v}-\vec{u}|}{2}=\frac{|4\vec{b}|}{2}={}^{\text{イ}}4$$

(ウ) (ア)より, $\cos\theta<0$ なので, $90°<\theta$. よって, 原点 O は円の ⁹内部.

演習 6-2

平面上の 3 点 O, A, B は条件 $|\overrightarrow{OA}| = |\overrightarrow{OA} + \overrightarrow{OB}| = |2\overrightarrow{OA} + \overrightarrow{OB}| = 1$ を満たす.

(1) $|\overrightarrow{AB}|$ および △OAB の面積を求めよ.

(2) 点 P が平面上を $|\overrightarrow{OP}| = |\overrightarrow{OB}|$ を満たしながら動くときの △PAB の面積の最大値を求めよ.

(一橋大)

● ヒント (1) 大きさを 2 乗して考えよう！

(2) 図形的に**点 P の軌跡**を考えて，△PAB の面積が最大となるときの点 P を定めよう！

─▶ 解答 ◀─

(1) 条件から，$|\overrightarrow{OA}| = 1$ であり，

$|\overrightarrow{OA} + \overrightarrow{OB}|^2 = 1 \iff |\overrightarrow{OA}|^2 + 2\overrightarrow{OA} \cdot \overrightarrow{OB} + |\overrightarrow{OB}|^2 = 1$

$\iff 2\overrightarrow{OA} \cdot \overrightarrow{OB} + |\overrightarrow{OB}|^2 = 0$ ⋯①

$|2\overrightarrow{OA} + \overrightarrow{OB}|^2 = 1 \iff 4|\overrightarrow{OA}|^2 + 4\overrightarrow{OA} \cdot \overrightarrow{OB} + |\overrightarrow{OB}|^2 = 1$

$\iff 4\overrightarrow{OA} \cdot \overrightarrow{OB} + |\overrightarrow{OB}|^2 = -3$ ⋯②

①, ② から $|\overrightarrow{OB}| = \sqrt{3}$, $\overrightarrow{OA} \cdot \overrightarrow{OB} = -\dfrac{3}{2}$

$|\overrightarrow{AB}|^2 = |\overrightarrow{OB} - \overrightarrow{OA}|^2 = |\overrightarrow{OB}|^2 - 2\overrightarrow{OB} \cdot \overrightarrow{OA} + |\overrightarrow{OA}|^2 = 7$

∴ $|\overrightarrow{AB}| = \sqrt{7}$

∴ $\triangle \text{OAB} = \dfrac{1}{2}\sqrt{(|\overrightarrow{OA}||\overrightarrow{OB}|)^2 - (\overrightarrow{OA} \cdot \overrightarrow{OB})^2} = \dfrac{\sqrt{3}}{4}$

(2) $|\overrightarrow{OP}| = |\overrightarrow{OB}| = \sqrt{3}$ を満たしながら動く点 P は，点 O を中心とする半径 $\sqrt{3}$ の円を描く.

右図の位置に P があるとき，△PAB の面積が最大.

P から線分 AB に下ろした垂線と AB との交点を H とすると，線分 PH 上に中心 O がある.

$\triangle \text{OAB} = \dfrac{1}{2}\text{OH} \cdot \text{AB}$ から $\text{OH} = \dfrac{2\triangle \text{OAB}}{\text{AB}} = \dfrac{\sqrt{3}}{2\sqrt{7}}$

△PAB の面積の最大値は

$\triangle \text{PAB} = \dfrac{1}{2}\text{AB}(\text{OH} + \text{OP}) = \dfrac{1}{2} \cdot \sqrt{7}\left(\dfrac{\sqrt{3}}{2\sqrt{7}} + \sqrt{3}\right) = \dfrac{2\sqrt{21} + \sqrt{3}}{4}$

演習 6-3

点 O を中心とする円を考える．この円の円周上に 3 点 A, B, C があって，
$$\vec{OA} + \vec{OB} + \vec{OC} = \vec{0}$$
を満たしている．このとき，三角形 ABC は正三角形であることを証明せよ．

（大阪大）

● ヒント　円の**半径を** r として，$|\vec{OA}| = |\vec{OB}| = |\vec{OC}|$ の条件が使えるように，変形して考えよう！

―▶ 解答 ◀―

円の半径を r とする．$|\vec{OA}| = |\vec{OB}| = |\vec{OC}| = r$

$$\vec{OA} + \vec{OB} + \vec{OC} = \vec{0}$$
$$\Leftrightarrow \vec{OA} + \vec{OB} = -\vec{OC}$$

両辺の大きさをとって 2 乗すると，

$$|\vec{OA} + \vec{OB}|^2 = |-\vec{OC}|^2$$
$$\Leftrightarrow |\vec{OA}|^2 + 2\vec{OA} \cdot \vec{OB} + |\vec{OB}|^2 = |\vec{OC}|^2$$
$$\Leftrightarrow r^2 + 2\vec{OA} \cdot \vec{OB} + r^2 = r^2$$
$$\therefore \vec{OA} \cdot \vec{OB} = -\frac{r^2}{2}$$

このとき

$$|\vec{AB}|^2 = |\vec{OB} - \vec{OA}|^2$$
$$= |\vec{OB}|^2 - 2\vec{OA} \cdot \vec{OB} + |\vec{OA}|^2$$
$$= r^2 - 2\left(-\frac{r^2}{2}\right) + r^2 = 3r^2$$

$|\vec{AB}| > 0$ より，$|\vec{AB}| = \sqrt{3}\, r$

同様に，$|\vec{BC}| = |\vec{CA}| = \sqrt{3}\, r$

$$\therefore \quad AB = BC = CA$$

よって，三角形 ABC は正三角形．

―――

＊　一般に，外心を O，垂心を H とするとき，
$$\vec{OH} = \vec{OA} + \vec{OB} + \vec{OC}$$
が成立する〈Appendix ②〉ので，題意の条件は「外心 O と垂心 H が一致する」ということになる．このことからも，△ABC が正三角形になることが納得できる．

演習 7-1

右図の立方体において，$\vec{p} = \overrightarrow{OP}$，$\vec{q} = \overrightarrow{OQ}$，$\vec{r} = \overrightarrow{OR}$ とする．

$\vec{p}$，$\vec{q}$，$\vec{r}$ を用いて $\overrightarrow{OA}$ を表せ．

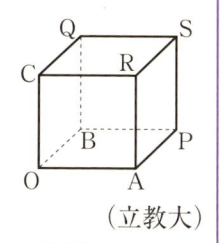

（立教大）

● ヒント　$\vec{p}$，$\vec{q}$，$\vec{r}$ を $\overrightarrow{OA}$，$\overrightarrow{OB}$，$\overrightarrow{OC}$ で表現して，うまく連立式を処理して，$\overrightarrow{OA}$ だけを導こう！

— ▶ 解答 1 ◀ —

$$\vec{p} = \overrightarrow{OA} + \overrightarrow{OB},$$
$$\vec{q} = \overrightarrow{OB} + \overrightarrow{OC},$$
$$\vec{r} = \overrightarrow{OC} + \overrightarrow{OA}$$

各辺を足して，2で割ると

$$\frac{1}{2}(\vec{p} + \vec{q} + \vec{r}) = \overrightarrow{OA} + \overrightarrow{OB} + \overrightarrow{OC}$$

$\therefore\ \overrightarrow{OA} = \frac{1}{2}(\vec{p} + \vec{q} + \vec{r}) - (\overrightarrow{OB} + \overrightarrow{OC})$

$= \frac{1}{2}(\vec{p} + \vec{q} + \vec{r}) - \vec{q} = \frac{1}{2}\vec{p} - \frac{1}{2}\vec{q} + \frac{1}{2}\vec{r}$

— ▶ 解答 2 ◀ —

$\overrightarrow{OA} = \vec{a}$，$\overrightarrow{OB} = \vec{b}$，$\overrightarrow{OC} = \vec{c}$ とすると，

$$\vec{p} = \vec{a} + \vec{b},$$
$$\vec{q} = \vec{b} + \vec{c}, \quad \cdots ①$$
$$\vec{r} = \vec{c} + \vec{a}$$

辺々足して2でわると，

$$\frac{1}{2}(\vec{p} + \vec{q} + \vec{r}) = \vec{a} + \vec{b} + \vec{c} \quad \cdots ②$$

② − ① より，

$\frac{1}{2}\vec{p} - \frac{1}{2}\vec{q} + \frac{1}{2}\vec{r} = \vec{a}$　　$\therefore\ \overrightarrow{OA} = \frac{1}{2}\vec{p} - \frac{1}{2}\vec{q} + \frac{1}{2}\vec{r}$

演習 7-2

Ⅰ $\vec{a} = (1, 1, 2)$, $\vec{b} = (2, 1, 3)$, $\vec{c} = (0, 3, 1)$ とする．$\vec{p} = (1, 2, 4)$ を $s\vec{a} + t\vec{b} + u\vec{c}$ と表すとき，s, t, u の値を求めよ． (関西大)

Ⅱ 空間のベクトル $\vec{a} = (1, 2, 1)$, $\vec{b} = (1, -1, 2)$, $\vec{c} = (0, -1, 3)$ がある．$\vec{a} + t\vec{b}$ と $\vec{b} + t\vec{c}$ が直交するときの t の値を求めよ． (東京理科大)

Ⅲ 実数 t に対して $\vec{a} = (-2t+1, t-3, 5)$ とおくと，$|\vec{a}|$ の最小値を求めよ． (関西学院大)

● ヒント
Ⅰ 成分を s, t, u で表現して，**成分比較**して s, t, u の値を求めよう！
Ⅱ **垂直条件** $(\vec{a}+t\vec{b}) \perp (\vec{b}+t\vec{c}) \Leftrightarrow (\vec{a}+t\vec{b})\cdot(\vec{b}+t\vec{c}) = 0$ を考えよう！
Ⅲ $|\vec{a}|$ を t を用いて表現して，t の 2 次関数の最小値を考えよう！

▶ 解答 ◀

Ⅰ $(1, 2, 4) = s\vec{a} + t\vec{b} + u\vec{c} = s(1, 1, 2) + t(2, 1, 3) + u(0, 3, 1)$
$= (s+2t, \ s+t+3u, \ 2s+3t+u)$

∴ $\begin{cases} s+2t = 1 \\ s+t+3u = 2 \\ 2s+3t+u = 4 \end{cases}$ これらを解いて，$s = 6$, $t = -\dfrac{5}{2}$, $u = -\dfrac{1}{2}$

Ⅱ $\vec{a}+t\vec{b} = (1+t, \ 2-t, \ 1+2t)$, $\vec{b}+t\vec{c} = (1, \ -1-t, \ 2+3t)$
$\vec{a}+t\vec{b} \perp \vec{b}+t\vec{c}$ より，
$(\vec{a}+t\vec{b})\cdot(\vec{b}+t\vec{c}) = 0$
$\Leftrightarrow \ (1+t) \times 1 + (2-t)(-1-t) + (1+2t)(2+3t) = 0$
$\Leftrightarrow \ 7t^2 + 7t + 1 = 0$

∴ $t = \dfrac{-7 \pm \sqrt{21}}{14}$

Ⅲ $|\vec{a}| = \sqrt{(-2t+1)^2 + (t-3)^2 + 5^2}$
$= \sqrt{5t^2 - 10t + 35}$
$= \sqrt{5(t-1)^2 + 30}$

∴ $|\vec{a}|$ の最小値は $\sqrt{30}$．($t=1$ のとき)

演習 7-3

Ⅰ 3点 A $(-1, -1, -1)$, B $(1, 2, 3)$, C $(x, y, 1)$ が一直線上にあるとき, x, y の値を求めよ. （立教大）

Ⅱ 空間の3点 O $(0, 0, 0)$, A $(1, 2, p)$, B $(3, 0, -4)$ について, 三角形 OAB の面積が $5\sqrt{2}$ で, $p>0$ のとき, p の値を求めよ. （立教大）

● ヒント Ⅰ 一直線上の条件 $\vec{AC} = k\vec{AB}$ (k は実数) を考えよう！

　　　　 Ⅱ ベクトルの三角形の**面積公式**から考えよう！

─▶ 解答 ◀─

Ⅰ 3点 A, B, C が一直線上にあるとき, $\vec{AC} = k\vec{AB}$ (k は実数).

$$\vec{AB} = (1, 2, 3) - (-1, -1, -1) = (2, 3, 4)$$
$$\vec{AC} = (x, y, 1) - (-1, -1, -1) = (x+1, y+1, 2)$$
$$\therefore\ (x+1, y+1, 2) = k(2, 3, 4)$$
$$\Leftrightarrow \begin{cases} x+1 = 2k \\ y+1 = 3k \\ 2 = 4k \end{cases}$$

z 成分について　$2 = 4k \Leftrightarrow k = \dfrac{1}{2}$,

x 成分, y 成分について　$x+1 = 1$, $y+1 = \dfrac{3}{2}$

$$\therefore\ k = \dfrac{1}{2},\ x = 0,\ y = \dfrac{1}{2}$$

Ⅱ $\vec{OA} = (1, 2, p)$, $\vec{OB} = (3, 0, -4)$

$|\vec{OA}| = \sqrt{p^2+5}$,　$|\vec{OB}| = 5$,　$\vec{OA} \cdot \vec{OB} = -4p+3$

$$\therefore\ \triangle OAB = \dfrac{1}{2}\sqrt{|\vec{OA}|^2 |\vec{OB}|^2 - (\vec{OA} \cdot \vec{OB})^2}$$
$$= \dfrac{1}{2}\sqrt{25(p^2+5) - (-4p+3)^2}$$
$$= \dfrac{1}{2}\sqrt{9p^2 + 24p + 116} = 5\sqrt{2}$$

よって　$3p^2 + 8p - 28 = 0 \Leftrightarrow (3p+14)(p-2) = 0$　$\therefore\ p = -\dfrac{14}{3}, 2$

条件より $p > 0$ であるから $p = 2$

演習 8-1

空間に3点 A$(-1, 1, 2)$, B$(1, 2, 3)$, C$(t, 1, 1)$ がある.

(1) 原点O, 点A, B, Cが1つの平面上にあるとき t の値を求めよ.

(2) △ABC の面積の最小値を求めよ. また, そのときの t の値を求めよ.

（慶応義塾大）

● ヒント　(1) **共面条件**を考えよう！

(2) 三角形の面積を **t の関数**として表現して, t の2次関数の最小値を考えよう！

―▶解答◀―

(1) $\vec{OA} = (-1, 1, 2)$, $\vec{OB} = (1, 2, 3)$, $\vec{OC} = (t, 1, 1)$

4点 O, A, B, C が同じ平面上にあるとき,

$$\vec{OC} = k\vec{OA} + l\vec{OB} \quad (k, l は実数)$$

$$\Leftrightarrow \begin{pmatrix} t \\ 1 \\ 1 \end{pmatrix} = k\begin{pmatrix} -1 \\ 1 \\ 2 \end{pmatrix} + l\begin{pmatrix} 1 \\ 2 \\ 3 \end{pmatrix} = \begin{pmatrix} -k+l \\ k+2l \\ 2k+3l \end{pmatrix}$$

$$\therefore \begin{cases} t = -k+l \\ 1 = k+2l \\ 1 = 2k+3l \end{cases}$$

これを解いて,

$$k = -1, \ l = 1, \ t = 2$$

(2) $\vec{AB} = (2, 1, 1)$, $\vec{AC} = (t+1, 0, -1)$

$|\vec{AB}| = \sqrt{6}$, $|\vec{AC}| = \sqrt{t^2+2t+2}$, $\vec{AB} \cdot \vec{AC} = 2t+1$

$$\therefore \triangle ABC = \frac{1}{2}\sqrt{|\vec{AB}|^2|\vec{AC}|^2 - (\vec{AB} \cdot \vec{AC})^2}$$

$$= \frac{1}{2}\sqrt{6(t^2+2t+2) - (2t+1)^2}$$

$$= \frac{1}{2}\sqrt{2t^2+8t+11}$$

$$= \frac{1}{2}\sqrt{2(t+2)^2+3}$$

よって, $t = -2$ のとき　最小値 $\dfrac{\sqrt{3}}{2}$

演習 8-2

1辺の長さが1の正四面体OABCにおいて，辺OAを3:1に内分する点をD，辺OBを2:1に内分する点をE，辺ACを2:1に内分する点をFとする．3点D，E，Fが定める平面をαとし，平面αと辺BCとの交点をGとする．

(1) $\vec{OG}$を$\vec{OB}$と$\vec{OC}$を用いて表せ．

(2) $\triangle$EFGの面積を求めよ．　　　　　　　　　　（東北大）

● ヒント　(1) **共面条件**から考えよう！

　　　　(2) $\vec{EF}$と$\vec{EG}$の大きさと内積を用意して，**面積公式**を用いよう！

── ▶ 解答 ◀ ──

(1) $\vec{OD} = \dfrac{3}{4}\vec{OA}$，$\vec{OE} = \dfrac{2}{3}\vec{OB}$，$\vec{OF} = \dfrac{\vec{OA}+2\vec{OC}}{2+1} = \dfrac{1}{3}\vec{OA} + \dfrac{2}{3}\vec{OC}$

$\vec{OG} = \vec{OD} + \vec{DG} = \vec{OD} + x\vec{DE} + y\vec{DF}$

$= \dfrac{3}{4}\vec{OA} + x(\vec{OE}-\vec{OD}) + y(\vec{OF}-\vec{OD})$

$= \left(\dfrac{3}{4} - \dfrac{3}{4}x - \dfrac{5}{12}y\right)\vec{OA} + \dfrac{2}{3}x\vec{OB} + \dfrac{2}{3}y\vec{OC}$　…①

Gは辺BC上なので，①において$\vec{OA}$の係数は0であり，$\vec{OB}$と$\vec{OC}$の係数の和は1．

$0 = \dfrac{3}{4} - \dfrac{3}{4}x - \dfrac{5}{12}y, \quad \dfrac{2}{3}x + \dfrac{2}{3}y = 1,$

これを解くと　$x = \dfrac{3}{8}$，$y = \dfrac{9}{8}$　　∴　$\vec{OG} = \dfrac{1}{4}\vec{OB} + \dfrac{3}{4}\vec{OC}$

(2) 四面体OABCは1辺の長さが1の正四面体であるから

$|\vec{OA}| = |\vec{OB}| = |\vec{OC}| = 1, \quad \vec{OA}\cdot\vec{OB} = \vec{OB}\cdot\vec{OC} = \vec{OC}\cdot\vec{OA} = \dfrac{1}{2}$

$\vec{EF} = \vec{OF} - \vec{OE} = \dfrac{1}{3}\vec{OA} - \dfrac{2}{3}\vec{OB} + \dfrac{2}{3}\vec{OC}$

$\vec{EG} = \vec{OG} - \vec{OE} = \dfrac{1}{4}\vec{OB} + \dfrac{3}{4}\vec{OC} - \dfrac{2}{3}\vec{OB} = -\dfrac{5}{12}\vec{OB} + \dfrac{3}{4}\vec{OC}$

よって

$|\vec{EF}|^2 = \left|\dfrac{1}{3}\vec{OA} - \dfrac{2}{3}\vec{OB} + \dfrac{2}{3}\vec{OC}\right|^2 = \dfrac{5}{9},$

$|\vec{EG}|^2 = \left|-\dfrac{5}{12}\vec{OB} + \dfrac{3}{4}\vec{OC}\right|^2 = \dfrac{61}{144}, \quad \vec{EF}\cdot\vec{EG} = \dfrac{4}{9}$

∴　$\triangle EFG = \dfrac{1}{2}\sqrt{|\vec{EF}|^2|\vec{EG}|^2 - (\vec{EF}\cdot\vec{EG})^2} = \dfrac{7}{72}$

演習 8-3

座標空間において，3点 A $(0, -1, 2)$，B $(-1, 0, 5)$，C $(1, 1, 3)$ の定める平面を α とし，原点 O から平面 α に垂線 OH を下ろす．

(1) $\triangle$ABC の面積を求めよ．
(2) $\overrightarrow{\mathrm{AH}} = k\overrightarrow{\mathrm{AB}} + l\overrightarrow{\mathrm{AC}}$ を満たす k, l を求めよ．
(3) 四面体 OABC の体積 V を求めよ．

● ヒント　(1) ベクトルの三角形の**面積公式**を用いよう！
　　　　　(2) $\overrightarrow{\mathrm{AH}} = k\overrightarrow{\mathrm{AB}} + l\overrightarrow{\mathrm{AC}}$ として，**垂直条件**を表現し，s, t を求めよう！
　　　　　(3) $\overrightarrow{\mathrm{OH}}$ から，$|\overrightarrow{\mathrm{OH}}|$ **を求めて**，(1)の結果を用いて四面体 OABC の体積を求めよう！

―▶ 解答 ◀―

(1) $\overrightarrow{\mathrm{AB}} = (-1, 1, 3)$，$\overrightarrow{\mathrm{AC}} = (1, 2, 1)$ であるから
$|\overrightarrow{\mathrm{AB}}|^2 = 11$，$|\overrightarrow{\mathrm{AC}}|^2 = 6$，$\overrightarrow{\mathrm{AB}} \cdot \overrightarrow{\mathrm{AC}} = (-1)\cdot 1 + 1\cdot 2 + 3\cdot 1 = 4$

$\therefore \quad \triangle\mathrm{ABC} = \dfrac{1}{2}\sqrt{|\overrightarrow{\mathrm{AB}}|^2|\overrightarrow{\mathrm{AC}}|^2 - (\overrightarrow{\mathrm{AB}} \cdot \overrightarrow{\mathrm{AC}})^2} = \dfrac{5\sqrt{2}}{2}$

(2) $\overrightarrow{\mathrm{OH}} = \overrightarrow{\mathrm{OA}} + \overrightarrow{\mathrm{AH}} = \overrightarrow{\mathrm{OA}} + k\overrightarrow{\mathrm{AB}} + l\overrightarrow{\mathrm{AC}}$
$= (0, -1, 2) + k(-1, 1, 3) + l(1, 2, 1)$
$= (-k+l, k+2l-1, 3k+l+2)$

$\overrightarrow{\mathrm{OH}}$ は $\overrightarrow{\mathrm{AB}}$，$\overrightarrow{\mathrm{AC}}$ に垂直であるから
$\overrightarrow{\mathrm{AB}} \cdot \overrightarrow{\mathrm{OH}} = 0$，$\overrightarrow{\mathrm{AC}} \cdot \overrightarrow{\mathrm{OH}} = 0$.

$\Leftrightarrow \begin{cases} 11k + 4l + 5 = 0 \\ 4k + 6l = 0 \end{cases} \quad \therefore \quad k = -\dfrac{3}{5}, \quad l = \dfrac{2}{5}$

(3) $\overrightarrow{\mathrm{OH}} = \left(1, -\dfrac{4}{5}, \dfrac{3}{5}\right)$，$\mathrm{OH} = |\overrightarrow{\mathrm{OH}}| = \sqrt{2}$

よって，四面体 OABC の体積は
$$V = \dfrac{1}{3}\triangle\mathrm{ABC}\cdot\mathrm{OH} = \dfrac{1}{3}\cdot\dfrac{5\sqrt{2}}{2}\cdot\sqrt{2} = \dfrac{5}{3}$$

演習 9-1

点 A $(-6, 2, 6)$ を通り，方向ベクトルが $\vec{d} = (2, 1, -1)$ である直線 l と点 B $(0, -1, -3)$ がある．

(1) 点 B から直線 l におろした垂線の足 H の座標を求めよ．

(2) 直線 l 上の 2 点 C, D に対し，△BCD が正三角形となるような点 C, D の座標を求めよ．

● ヒント　直線への垂線は，垂線の足のベクトルを**パラメータで表現**して考えよう！（正射影ベクトルも有効）

— ▶ 解答 1 ◀ —

(1) $\overrightarrow{AH} = t\vec{d}$ （t は実数）とする．
$\overrightarrow{BH} = \overrightarrow{BA} + \overrightarrow{AH} = \overrightarrow{BA} + t\vec{d} = (2t-6, t+3, -t+9)$
$\vec{d} \perp \overrightarrow{BH} \iff \vec{d} \cdot \overrightarrow{BH} = 0$ …①
$\iff 2(2t-6) + (t+3) - (-t+9) = 0 \iff t = 3$
∴ $\overrightarrow{BH} = (0, 6, 6)$, $\overrightarrow{OH} = \overrightarrow{OB} + \overrightarrow{BH} = (0, 5, 3)$

よって　H の座標は　$(0, 5, 3)$

(2) $|\overrightarrow{BH}| = \sqrt{6^2 + 6^2} = 6\sqrt{2}$

△BCD は正三角形なので，CH = HD = $2\sqrt{6}$
また，$|\vec{d}| = \sqrt{6}$ であるから，
$$\overrightarrow{CH} = \overrightarrow{HD} = 2\vec{d}$$
∴ $\overrightarrow{OC} = \overrightarrow{OH} + \overrightarrow{HC} = \overrightarrow{OH} - 2\vec{d} = (-4, 3, 5)$
$\overrightarrow{OD} = \overrightarrow{OH} + \overrightarrow{HD} = \overrightarrow{OH} + 2\vec{d} = (4, 7, 1)$

よって　点 C, D の座標は　$(-4, 3, 5)$, $(4, 7, 1)$（順不同）

— ▶ 解答 2 ◀ —

(1) $\overrightarrow{AB} = (6, -3, -9)$, $\vec{d} = (2, 1, -1)$ より，$\overrightarrow{AB} \cdot \vec{d} = 18$, $|\vec{d}|^2 = 6$
$\overrightarrow{AH}$ は，$\overrightarrow{AB}$ の $\vec{d}$ への正射影ベクトルであるから，
$$\overrightarrow{AH} = \frac{\overrightarrow{AB} \cdot \vec{d}}{|\overrightarrow{AB}|^2}\vec{d} = \frac{18}{6}(2, 1, -1) = (6, 3, -3) \quad \cdots ②$$
∴ $\overrightarrow{OH} = \overrightarrow{OA} + \overrightarrow{AH} = (0, 5, 3)$

よって　H の座標は　$(0, 5, 3)$

25

演習 9-2

O(0, 0, 0) を原点とし，空間内に 4 点 A(2, 0, 0)，B(0, 3, 0)，C(0, 0, 1)，E(0, 1, 0) をとる．

(1) 点 P は線分 BC 上にあり，三角形 AEP は三角錐 OABC の体積を 2 等分するという．このとき，P の座標を求めよ．

(2) 点 Q が線分 BC 上を動くとき，三角形 AEQ の面積が最小になるときの Q の座標とそのときの三角形 AEQ の面積を求めよ．

● ヒント　辺 BC 上の動点 P，Q をパラメータを用いて表し，体積や面積を **パラメータで表現**しよう！

── ▶ 解答 ◀ ──

(1) 直線 BC の方程式は $z = -\dfrac{1}{3}y + 1$ なので

$P\left(0, t, 1 - \dfrac{t}{3}\right)$ $(0 \leq t \leq 1)$ とおく．

四角錐 A−OEPC と三角錐 A−EBP の体積が等しいとき，

$\triangle OBC = 2\triangle EBP$

$\Leftrightarrow \dfrac{1}{2} \cdot 3 \cdot 1 = 2 \cdot \dfrac{1}{2} \cdot 2 \cdot \left(1 - \dfrac{t}{3}\right)$ $\Leftrightarrow$ $t = \dfrac{3}{4}$

∴ $P\left(0, \dfrac{3}{4}, \dfrac{3}{4}\right)$

(2) $Q\left(0, t, 1 - \dfrac{t}{3}\right)$ $(0 \leq t \leq 1)$ とおく．

$\vec{EQ} = \left(0, t-1, 1 - \dfrac{t}{3}\right)$, $\vec{EA} = (2, -1, 0)$

$\triangle AEQ = \dfrac{1}{2}\sqrt{|\vec{EA}|^2|\vec{EQ}|^2 - (\vec{EA} \cdot \vec{EQ})^2}$

$= \dfrac{1}{6}\sqrt{5 \cdot (10t^2 - 24t + 18) - (3 - 3t)^2}$

$= \dfrac{1}{6}\sqrt{41t^2 - 102t + 81} = \dfrac{1}{6}\sqrt{41\left(t - \dfrac{51}{41}\right)^2 + \dfrac{720}{41}}$

よって，$t = \dfrac{51}{41}$ のとき最小．

∴ $Q\left(0, \dfrac{51}{41}, \dfrac{24}{41}\right)$, $\triangle AEQ = \dfrac{1}{6}\sqrt{\dfrac{720}{41}} = 2\sqrt{\dfrac{5}{41}}$

演習 9-3

点 O を原点とする座標空間の 3 点を A $(0, 1, 2)$, B $(2, 3, 0)$, P $(5+t, 9+2t, 5+3t)$ とする.

線分 OP と線分 AB が交点をもつような実数 t が存在することを示せ. またそのとき, 交点の座標を求めよ. （京都大）

● ヒント 「交点が存在する」 ⇔ 「**交点が求められる**」と考えて, 交点を求めよう！

▶ 解答 ◀

線分 AB 上の点を Q とすると, $\overrightarrow{AQ} = k\overrightarrow{AB}$ $(0 \leq k \leq 1)$ であるから

$$\overrightarrow{OQ} = \overrightarrow{OA} + \overrightarrow{AQ} = \overrightarrow{OA} + k\overrightarrow{AB}$$
$$= (0, 1, 2) + k(2, 2, -2) = (2k, 2k+1, -2k+2)$$

線分 OP 上の点を R とすると, $\overrightarrow{OR} = l\overrightarrow{OP}$ $(0 \leq l \leq 1)$ であるから

$$\overrightarrow{OR} = l\overrightarrow{OP} = (5l + lt, 9l + 2lt, 5l + 3lt)$$

$\overrightarrow{OQ} = \overrightarrow{OR}$ となるような, t, k, l が 1 組だけ存在すれば交点は存在する.

成分を比較すると,

$$\begin{cases} 2k = 5l + lt & \cdots ① \\ 2k + 1 = 9l + 2lt & \cdots ② \\ -2k + 2 = 5l + 3lt & \cdots ③ \end{cases}$$

① + ③, ② + ③ より, $2 = 10l + 4lt$ $\cdots ④$ $3 = 14l + 5lt$ $\cdots ⑤$

⑤ × 4 − ④ × 5 より, $2 = 6l$ ⇔ $l = \dfrac{1}{3}$

④ に代入して, $t = -1$. ① に代入して, $k = \dfrac{2}{3}$

$k = \dfrac{2}{3}$ は $0 \leq k \leq 1$ を満たし, $l = \dfrac{1}{3}$ は $0 \leq l \leq 1$ を満たしているから, 線分 OP と線分 AB の交点は存在する.

その交点の座標は $\left(\dfrac{4}{3}, \dfrac{7}{3}, \dfrac{2}{3}\right)$

＊ 「平面 OAB 上に P がある」という共面条件（必要条件）から t の値を求め, $\overrightarrow{OP}$ を $\overrightarrow{OA}$, $\overrightarrow{OB}$ で表したとき, $\overrightarrow{OA}$, $\overrightarrow{OB}$ の係数が正であり, 係数和が 1 以上であることから, 題意を示してもよい.

演習 10-1

xyz 空間において，O $(0, 0, 0)$，A$\left(\dfrac{1}{\sqrt{3}}, \dfrac{1}{\sqrt{3}}, \dfrac{1}{\sqrt{3}}\right)$ とする．このとき，
$$\dfrac{1}{4} \leq (\overrightarrow{OP} \cdot \overrightarrow{OA})^2 + |\overrightarrow{OP} - (\overrightarrow{OP} \cdot \overrightarrow{OA})\overrightarrow{OA}|^2 \leq 1$$
を満たす点 P 全体のなす図形の体積を求めよ． （神戸大）

● ヒント　与式を正確に計算して，$\overrightarrow{OP}$ と定数だけの条件式にしよう！

──▶ 解答 ◀──

$$|\overrightarrow{OA}|^2 = \left(\dfrac{1}{\sqrt{3}}\right)^2 + \left(\dfrac{1}{\sqrt{3}}\right)^2 + \left(\dfrac{1}{\sqrt{3}}\right)^2 = 1$$

$(\overrightarrow{OP} \cdot \overrightarrow{OA})^2 + |\overrightarrow{OP} - (\overrightarrow{OP} \cdot \overrightarrow{OA})\overrightarrow{OA}|^2$
$= (\overrightarrow{OP} \cdot \overrightarrow{OA})^2 + |\overrightarrow{OP}|^2 - 2(\overrightarrow{OP} \cdot \overrightarrow{OA})^2 + (\overrightarrow{OP} \cdot \overrightarrow{OA})^2|\overrightarrow{OA}|^2$
$= (\overrightarrow{OP} \cdot \overrightarrow{OA})^2 + |\overrightarrow{OP}|^2 - 2(\overrightarrow{OP} \cdot \overrightarrow{OA})^2 + (\overrightarrow{OP} \cdot \overrightarrow{OA})^2$
$= |\overrightarrow{OP}|^2$

よって
$$\dfrac{1}{4} \leq (\overrightarrow{OP} \cdot \overrightarrow{OA})^2 + |\overrightarrow{OP} - (\overrightarrow{OP} \cdot \overrightarrow{OA})\overrightarrow{OA}|^2 \leq 1$$
$$\Leftrightarrow \dfrac{1}{4} \leq |\overrightarrow{OP}|^2 \leq 1$$

よって $\dfrac{1}{2} \leq |\overrightarrow{OP}| \leq 1$

点 P 全体のなす図形は，
点 O 中心の半径 1 の球面および内部から，点 O 中心の半径 $\dfrac{1}{2}$ の球面および内部を除いたもの．

∴ 求める体積は $\dfrac{4}{3}\pi\left(1^3 - \left(\dfrac{1}{2}\right)^3\right) = \dfrac{7}{6}\pi$

演習 10-2

座標空間内に xy 平面と交わる半径 5 の球がある．その球の中心の z 座標の値が正であり，その球と xy 平面の交わりが作る円の方程式が
$$x^2+y^2-4x+6y+4=0$$
であるとき，その球の中心の座標を求めよ． （早稲田大）

● **ヒント** 球面の方程式を $x^2+y^2+z^2+ax+by+cz+d=0$ として，xy 平面 ($z=0$) との交わりを考えよう！

――▶ **解答 1** ◀――

球面の方程式を $x^2+y^2+z^2+ax+by+cz+d=0$ とする．
$z=0$ を代入すると，
$$x^2+y^2+ax+by+d=0$$
与条件の式と比較して $a=-4,\ b=6,\ d=4$

$$x^2+y^2+z^2-4x+6y+cz+4=0 \Leftrightarrow (x-2)^2+(y+3)^2+\left(z+\frac{c}{2}\right)^2=\frac{c^2}{4}+9$$

半径 5 であるから，$\dfrac{c^2}{4}+9=5^2$ ∴ $c=\pm 8$

よって，球面の方程式は，
$$x^2+y^2+z^2-4x+6y\pm 8z+4=0 \Leftrightarrow (x-2)^2+(y+3)^2+(z\pm 4)^2=5^2$$
となり，また球の中心の z 座標は正であるので，中心の座標は，$(2,\ -3,\ 4)$

――▶ **解答 2** ◀――

球の中心を $M(X,Y,Z)\ (Z>0)$ とする．
$$x^2+y^2-4x+6y+4=0 \Leftrightarrow (x-2)^2+(y+3)^2=9$$
よって，断面の円の中心 H は H$(2,\ -3,\ 0)$，半径は 3．

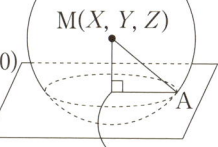

∴ $X=2,\ Y=-3$

また球の半径は 5 なので，△MHA で三平方の定理より，
$$AM^2=MH^2+AH^2 \Leftrightarrow 5^2=Z^2+3^2$$

∴ $Z=4$ よって，球の中心の座標は $(2,\ -3,\ 4)$

演習 10-3

空間内の 4 点 A, B, C, D が

$$AB = 1, \quad AC = 2, \quad AD = 3$$
$$\angle BAC = \angle CAD = 60°, \quad \angle DAB = 90°$$

を満たしている．この 4 点から等距離にある点を E とする．点 E の座標と線分 AE の長さを求めよ． （大阪大）

● ヒント　図形的特徴を考えて，扱いやすいように**座標を設定**して考えよう！

→ 解答 ←

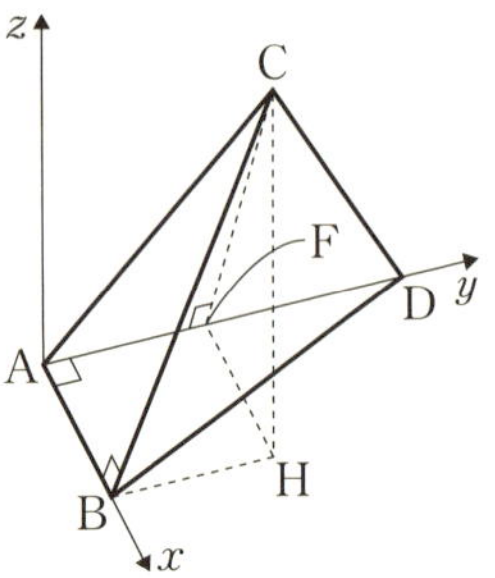

△CAB において，CA = 2, AB = 1
AB = 1, AC = 2, ∠BAC = 60° から，∠ABC = 90°．
A(0, 0, 0), B(1, 0, 0), D(0, 3, 0) と座標を設定する．
C から x 軸への垂線の足は B であり，xy 平面への垂線の足を H, y 軸への垂線の足を F とする．
H(1, 1, 0) であるから，C(1, 1, Z) ($Z \geq 0$) とおける．
AC = 2 から　$AC^2 = 1^2 + 1^2 + Z^2 = 4$
　　$Z \geq 0$ より，$Z = \sqrt{2}$　∴　C(1, 1, $\sqrt{2}$)　…①
E(p, q, r) とおく． 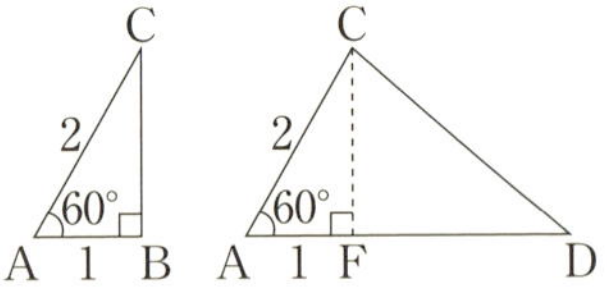
AE = BE = CE = DE であるから
$$p^2 + q^2 + r^2 = (p-1)^2 + q^2 + r^2$$
$$= (p-1)^2 + (q-1)^2 + (r-\sqrt{2})^2 = p^2 + (q-3)^2 + r^2$$
∴　$p = \dfrac{1}{2}$, $q = \dfrac{3}{2}$, $r = 0$　よって　$E\left(\dfrac{1}{2}, \dfrac{3}{2}, 0\right)$, $AE = \dfrac{\sqrt{10}}{2}$

---

* 　A, B, C, D の 4 点を通る球面の中心が E であるから，球の方程式を
$x^2 + y^2 + z^2 + ax + by + cz + d = 0$　とおいて，係数を求めてもよい．
このときこの球の半径が AE の長さとなる．

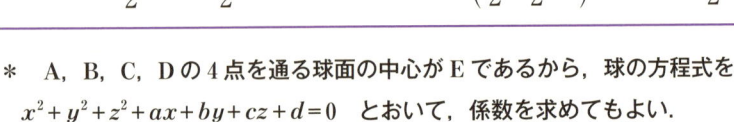

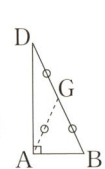

* 　A, B, D 3 点から等距離の点は，△ABD の外心線上に存在する．
△ABD の外心は右図の $G\left(\dfrac{1}{2}, \dfrac{3}{2}, 0\right)$ であるから，G を通る xy 平面に垂直な直線上の点 E を考えてもよい．（本問では G = E となる）

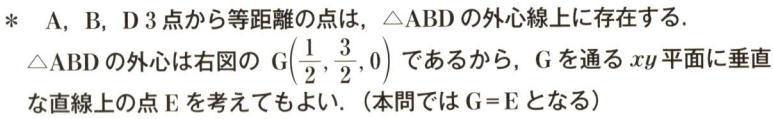

発展演習 1

1辺1の正五角形 ABCDE において，$\vec{AB} = \vec{b}$，$\vec{AE} = \vec{e}$ とおくとき，次の問に答えよ．

(1) 対角線 BE の長さを求めよ．

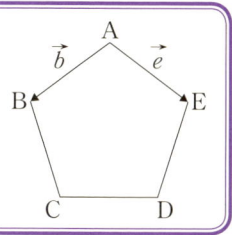

(2) $\vec{DC}$ を $\vec{b}$，$\vec{e}$ を用いて表せ．

● ヒント　$\theta = 36°$ としたとき $\sin 2\theta = \sin 3\theta$ が成り立つことより，$\cos \theta$ を求めて，対角線の長さを求めよう！

— ▶ 解答 ◀ —

(1) $\theta = 36°$ としたとき，$\sin 2\theta = \sin 3\theta$

$$\sin 2\theta = \sin 3\theta \Leftrightarrow 2\sin\theta\cos\theta = -4\sin^3\theta + 3\sin\theta$$

$\sin\theta \neq 0$ より，両辺を $\sin\theta$ でわると，

$$2\cos\theta = -4\sin^2\theta + 3 = -4(1-\cos^2\theta) + 3 \Leftrightarrow 4\cos^2\theta - 2\cos\theta - 1 = 0$$

$\cos\theta > 0$ であるから，$\cos\theta = \dfrac{1+\sqrt{5}}{4}$

$$BE = 2BH = 2 \cdot 1 \cdot \cos\theta = \dfrac{1+\sqrt{5}}{2}$$

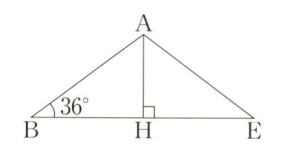

(2) (1)より，正五角形の一辺と対角線の長さの比は，$1 : \dfrac{1+\sqrt{5}}{2}$．

$$\therefore \vec{DC} = \dfrac{2}{\sqrt{5}+1}\vec{EB} = \dfrac{\sqrt{5}-1}{2}(\vec{b} - \vec{e})$$

---

* $BE = x$ として，$EF = 1$ となるような点 F をとり，補助線を考えると，$\triangle ABE \sim \triangle FAB$．よって，$BF = \dfrac{1}{x}$．

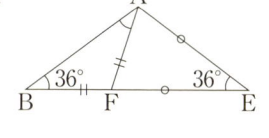

$BE = x = BF + FE = \dfrac{1}{x} + 1$　より，$x^2 - x - 1 = 0$

$$\therefore x = \dfrac{1+\sqrt{5}}{2}$$

として対角線の長さを求めることもできる．

* 一般に，上のようにして $\cos 36°$ の値を求められることを覚えておくと良い．

発展演習 2

三角形 ABC において，$|\vec{AC}|=1$，$\vec{AB}\cdot\vec{AC}=k$ である．辺 AB 上に $\vec{AD}=\dfrac{1}{3}\vec{AB}$ を満たす点 D をとる．辺 AC 上に $|\vec{DP}|=\dfrac{1}{3}|\vec{BC}|$ を満たす点 P が 2 つ存在するための k の条件を求めよ． (一橋大)

● ヒント　$\vec{AP}=p\vec{AC}$ として，$|\vec{DP}|=\dfrac{1}{3}|\vec{BC}|$ の条件を**始点を A にそろえて**整理し，p の方程式を導こう！

── ▶ 解答 ◀ ──

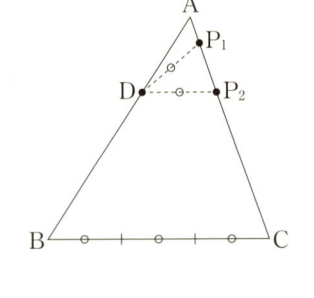

$\vec{AP}=p\vec{AC}$ $(0\leq p\leq 1)$ とする．
$|\vec{DP}|=\dfrac{1}{3}|\vec{BC}|$ から
$$9|\vec{AP}-\vec{AD}|^2=|\vec{AC}-\vec{AB}|^2$$
$$\Leftrightarrow\ 9(|\vec{AP}|^2-2\vec{AP}\cdot\vec{AD}+|\vec{AD}|^2)$$
$$=|\vec{AC}|^2-2\vec{AB}\cdot\vec{AC}+|\vec{AB}|^2 \quad\cdots\text{①}$$

$|\vec{AB}|=3|\vec{AD}|$, $|\vec{AP}|=p|\vec{AC}|=p$,
$\vec{AP}\cdot\vec{AD}=(p\vec{AC})\cdot\left(\dfrac{1}{3}\vec{AB}\right)=\dfrac{1}{3}kp$ より，

$$\text{①}\ \Leftrightarrow\ 9p^2-6kp+2k-1=0$$
$$\Leftrightarrow\ (3p-1)(3p-2k+1)=0 \quad\cdots\text{②}$$

辺 AC 上に $|\vec{DP}|=\dfrac{1}{3}|\vec{BC}|$ を満たす点 P が 2 つ存在するためには，この p の方程式が $0\leq p\leq 1$ の範囲に異なる 2 つの解をもてばよい．②から $p=\dfrac{1}{3}$，$\dfrac{2k-1}{3}$ であるから，求める条件は $0\leq\dfrac{2k-1}{3}\leq 1$ かつ $\dfrac{2k-1}{3}\neq\dfrac{1}{3}$

$$\therefore\ \dfrac{1}{2}\leq k<1,\ 1<k\leq 2$$

＊　$k=\dfrac{1}{2}$ のとき　図(i)
　　$k=2$ のとき　図(ii)
のようになっている．

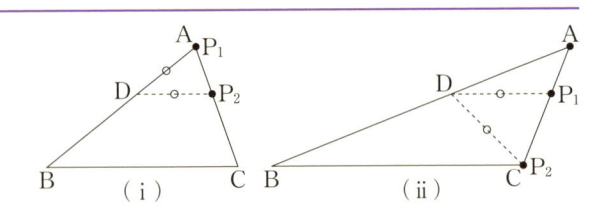

発展演習 3

△OABにおいて，辺OAを1:1に内分する点をM，辺OBを2:1に内分する点をNとし，線分ANと線分BMの交点をPとする．$|\vec{OA}|=1$とする．辺OAを含む直線をl，辺OBを含む直線をmとする．△ABPの外接円がl, mに接するとき，内積$\vec{OA} \cdot \vec{OB}$を求めよ． （東北大）

● ヒント　パラメータを用いて，**寄道法**でベクトルを表現して，各ベクトルの係数に注目しよう！

—▶解答◀—

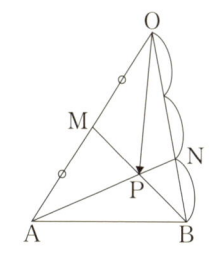

△OANと直線BMについて，メネラウスの定理より，

$$\frac{OB}{BN} \cdot \frac{NP}{PA} \cdot \frac{AM}{MO} = 1 \quad \therefore \quad AP:PN = 3:1$$

よって　$\vec{OP} = \dfrac{1}{4}\vec{OA} + \dfrac{1}{2}\vec{OB}$

$\vec{MP} = \vec{OP} - \vec{OM} = \dfrac{1}{4}\vec{OA} + \dfrac{1}{2}\vec{OB} - \dfrac{1}{2}\vec{OA}$

$\qquad = \dfrac{1}{2}\vec{OB} - \dfrac{1}{4}\vec{OA}$

$\vec{MB} = \vec{OB} - \vec{OM} = \vec{OB} - \dfrac{1}{2}\vec{OA}$

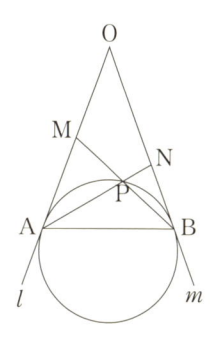

また，接線の長さは等しいので，$|\vec{OA}| = |\vec{OB}| = 1$
方べきの定理より

$\qquad MP \cdot MB = MA^2$

$\Leftrightarrow \quad \left|\dfrac{1}{2}\vec{OB} - \dfrac{1}{4}\vec{OA}\right|\left|\vec{OB} - \dfrac{1}{2}\vec{OA}\right| = \left|\dfrac{1}{2}\vec{OA}\right|^2$

$\Leftrightarrow \quad 4|\vec{OB}|^2 - 4\vec{OA} \cdot \vec{OB} + |\vec{OA}|^2 = 2$

$\Leftrightarrow \quad \vec{OA} \cdot \vec{OB} = \dfrac{3}{4}$

発展演習 4

平面上に一直線上にはない 3 点 A, B, C がある.
点 P が
$$a\overrightarrow{PA} + b\overrightarrow{PB} + c\overrightarrow{PC} = \vec{0},$$
$$a>0,\ b<0,\ c<0,\ a+b+c<0$$
を満たすならば, 点 P は図の番号 □ の範囲に存在する.

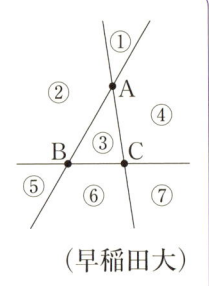

（早稲田大）

ヒント 始点を A にそろえて, **分点の形を抽出して**, 存在領域を考えよう！

― ▶ 解答 ◀ ―

$a\overrightarrow{PA} + b\overrightarrow{PB} + c\overrightarrow{PC} = \vec{0}$ から

$$-a\overrightarrow{AP} + b(\overrightarrow{AB} - \overrightarrow{AP}) + c(\overrightarrow{AC} - \overrightarrow{AP}) = \vec{0}$$
$$\Leftrightarrow (a+b+c)\overrightarrow{AP} = b\overrightarrow{AB} + c\overrightarrow{AC}$$

$a+b+c \neq 0$ であるから

$$\overrightarrow{AP} = \frac{b\overrightarrow{AB} + c\overrightarrow{AC}}{a+b+c} = \frac{b+c}{a+b+c} \times \frac{b\overrightarrow{AB} + c\overrightarrow{AC}}{b+c}$$
$$= \frac{b+c}{a+b+c} \times \frac{(-b)\overrightarrow{AB} + (-c)\overrightarrow{AC}}{(-b)+(-c)} \quad \cdots ①$$

①において, $\overrightarrow{OQ} = \dfrac{(-b)\overrightarrow{AB} + (-c)\overrightarrow{AC}}{(-b)+(-c)}$ とすると,

$-b>0$, $-c>0$ より, 点 Q は線分 BC を $-c:-b$ に内分する点. $\cdots ②$

また, ①において, $\dfrac{b+c}{a+b+c}$ について考えると,

$a>0$, $b<0$, $c<0$ であるから $b+c<a+b+c$
また, $a+b+c<0$ であるから $\dfrac{b+c}{a+b+c}>1$ $\cdots ③$

②③より, 点 P の存在範囲は⑥

発展演習 5

平面上に原点Oから出る，相異なる2本の半直線OX，OYをとり，$\angle XOY < 180°$ とする．半直線OX上にOと異なる点Aを，半直線OY上にOと異なる点Bをとり，$\vec{a} = \overrightarrow{OA}$，$\vec{b} = \overrightarrow{OB}$ とおく．

(1) 点Cが $\angle XOY$ の二等分線上にあるとき，$\vec{c} = \overrightarrow{OC}$ はある実数 t を用いて，$\vec{c} = t\left(\dfrac{\vec{a}}{|\vec{a}|} + \dfrac{\vec{b}}{|\vec{b}|}\right)$ と表されることを示せ．

(2) $\angle XOY$ の二等分線と $\angle XAB$ の二等分線の交点をPとおく．$OA = 2$，$OB = 3$，$AB = 4$ のとき，$\vec{p} = \overrightarrow{OP}$ を，$\vec{a}$ と $\vec{b}$ を用いて表せ． （神戸大）

● ヒント　誘導に従って，**傍心のベクトル**を求めていこう！

—▶ 解答 ◀—

(1) $\overrightarrow{OA'} = \dfrac{\vec{a}}{|\vec{a}|}$，$\overrightarrow{OB'} = \dfrac{\vec{b}}{|\vec{b}|}$ とおくと，

$$|\overrightarrow{OA'}| = |\overrightarrow{OB'}| = 1$$

このとき，右図の四角形 OA'C'B' はひし形．

よって，C' は $\angle XOY$ の二等分線上にあり，

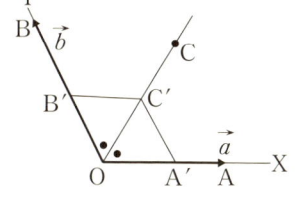

3点 O，C，C' は一直線上にあるから，$\overrightarrow{OC} = t\overrightarrow{OC'}$ （t は実数）．

よって，$\vec{c} = t\left(\dfrac{\vec{a}}{|\vec{a}|} + \dfrac{\vec{b}}{|\vec{b}|}\right)$ と表される　■

(2) 点Pは $\angle XOY$ の二等分線上にあるから，(1)より $\vec{p} = t\left(\dfrac{\vec{a}}{2} + \dfrac{\vec{b}}{3}\right)$ …①

$\overrightarrow{AA'} = \vec{a}$ である点A'をとると，点Pは $\angle XAB$ の二等分線上にあるから

$$\overrightarrow{AP} = s\left(\dfrac{\overrightarrow{AB}}{|\overrightarrow{AB}|} + \dfrac{\overrightarrow{AA'}}{|\overrightarrow{AA'}|}\right)$$

$\overrightarrow{OP} = \overrightarrow{OA} + \overrightarrow{AP}$ であるから

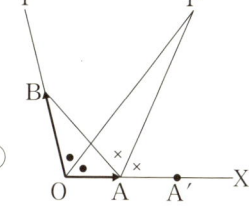

$$\vec{p} = \vec{a} + s\left(\dfrac{\vec{b}-\vec{a}}{4} + \dfrac{\vec{a}}{2}\right) = \left(1 + \dfrac{s}{4}\right)\vec{a} + \dfrac{s}{4}\vec{b} \quad \text{…②}$$

$\vec{a}$，$\vec{b}$ は1次独立であるから，①②の係数を比較して，

$$\dfrac{t}{2} = 1 + \dfrac{s}{4}, \quad \dfrac{t}{3} = \dfrac{s}{4} \qquad \therefore\ s = 8,\ t = 6$$

$$\therefore\ \vec{p} = 3\vec{a} + 2\vec{b}$$

発展演習 6

円に内接する四角形 ABPC は次の条件(a), (b)を満たすとする.
(a)　△ABC は正三角形である.
(b)　AP と BC の交点は線分 BC を $p:(1-p)$ $[0<p<1]$ の比に内分する.
このとき, $\overrightarrow{AP}$ を $\overrightarrow{AB}$, $\overrightarrow{AC}$, p を用いて表せ.　　　（京都大）

● ヒント　**余弦定理**から, AQ の長さを求めて, **相似**から辺の比を求めて行って考えよう！

― ▶ 解答 ◀ ―

AP と BC の交点を Q とすると
$$\overrightarrow{AQ} = (1-p)\overrightarrow{AB} + p\overrightarrow{AC}$$
正三角形 ABC の 1 辺の長さを a とする.
△ABQ において, 余弦定理から
$$\begin{aligned}AQ^2 &= AB^2 + BQ^2 - 2AB \cdot BQ \cos 60°\\&= a^2 + (pa)^2 - 2a \cdot pa \cdot \frac{1}{2}\\&= a^2(p^2 - p + 1) \quad \therefore\quad AQ = a\sqrt{p^2 - p + 1} \quad \cdots ①\end{aligned}$$

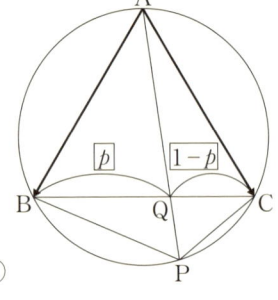

方べきの定理より,
$$QB \cdot QC = QA \cdot QP \iff QP = \frac{ap \cdot a(1-p)}{a\sqrt{p^2-p+1}} = \frac{p-p^2}{\sqrt{p^2-p+1}}a$$

$$\therefore\quad AP = AQ + QP = \left(\sqrt{p^2-p+1} + \frac{p-p^2}{\sqrt{p^2-p+1}}\right)a = \frac{1}{\sqrt{p^2-p+1}}a \quad \cdots ②$$

①②より, $\dfrac{AP}{AQ} = \dfrac{1}{p^2-p+1}$

$$\therefore\quad \overrightarrow{AP} = \frac{1}{p^2-p+1}\{(1-p)\overrightarrow{AB} + p\overrightarrow{AC}\}$$

＊ △ABC を 1 辺 $2\sqrt{3}$ として, 外心を原点, $A(0, 2)$, $B(-\sqrt{3}, -1)$, $C(\sqrt{3}, -1)$ と座標設定し, 点 P を定めることもできるが, 計算の処理は多くなる.

発展演習 7

(1) xy 平面で，動点 P は集合 $M=\{(x,y)\mid x^2+y^2\leq 1\}$ を，動点 Q は集合 $N=\{(x,y)\mid |x|+|y|\leq 3\}$ を動くとする．このとき，$\overrightarrow{OR}=\overrightarrow{OP}+\overrightarrow{OQ}$ で表される点 R が動いてできる図形を図示し，その面積 S を求めよ．
ただし，O は原点とする．

(2) xyz 空間で，動点 P は集合 $M=\{(x,y,z)\mid x^2+y^2+z^2\leq 1\}$ を，動点 Q は集合 $N=\{(x,y,z)\mid |x|\leq 1, |y|\leq 1, |z|\leq 1\}$ を動くとする．このとき，$\overrightarrow{OR}=\overrightarrow{OP}+\overrightarrow{OQ}$ で表される点 R が動いてできる図形の体積 V を求めよ．ただし，O は原点とする． (上智大)

● ヒント　寄道法を考えて，**ベクトルを足し算**して考えよう！

— ▶ 解答 ◀ —

(1) 点 P は図（ⅰ）の斜線部（境界含む）を動く．
点 Q は図（ⅱ）の実線部を動く．
$\overrightarrow{OR}=\overrightarrow{OP}+\overrightarrow{OQ}$ から $\overrightarrow{QR}=\overrightarrow{OP}$ と考えればよい．

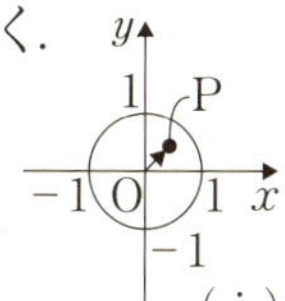

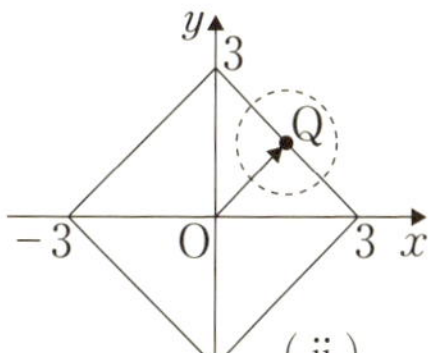

点 Q を固定すると，点 R は点 Q 中心の半径 1 の円の内部および周上を動く．

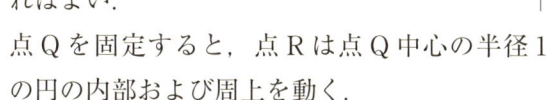

点 Q に伴って円の領域を動かすと，点 R が動いてできる図形は，右図の斜線部（ただし，境界を含む）．

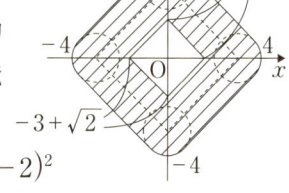

$\therefore\ S=(3\sqrt{2})^2+4\times 1\times 3\sqrt{2}+\pi\cdot 1^2-(3\sqrt{2}-2)^2$
$=24\sqrt{2}-4+\pi$

(2) 点 P は図（ⅲ）の O 中心の半径 1 の球の内部および球面上を動く．

点 Q は図（ⅳ）の 1 辺 2 の立方体の内部および表面上を動く．

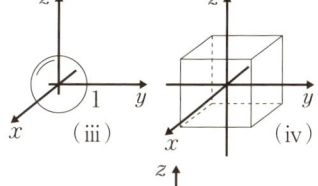

対称性から，$x\geq 0, y\geq 0, z\geq 0$ の部分だけを考える．

(1)と同様に点 R が動いてできる図形の $x\geq 0, y\geq 0, z\geq 0$ の部分は右図．

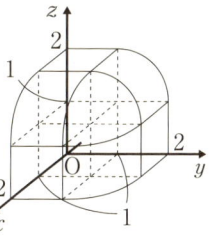

$\therefore\ V=8\left(4\times 1^3+3\times\dfrac{\pi}{4}\cdot 1^2\cdot 1+\dfrac{1}{8}\times\dfrac{4}{3}\pi\cdot 1^3\right)=32+\dfrac{22}{3}\pi$

発展演習 8

四面体 ABCD がある．点 P が $10\overrightarrow{PA} - \overrightarrow{PB} - 2\overrightarrow{PC} - 3\overrightarrow{PD} = \vec{0}$ を満たしているとき
(1) $\overrightarrow{AP}$ を $\overrightarrow{AB}$, $\overrightarrow{AC}$, $\overrightarrow{AD}$ を用いて表せ．
(2) 四面体 ABCD と四面体 PBCD の体積の比を求めよ．

● ヒント　始点をそろえて，寄道法で**共面条件の形**を作っていこう！

── ▶ 解答 ◀ ──

(1)　始点を A にそろえると，
$10\overrightarrow{PA} = \overrightarrow{PB} + 2\overrightarrow{PC} + 3\overrightarrow{PD}$
$\Leftrightarrow -10\overrightarrow{AP} = (\overrightarrow{AB} - \overrightarrow{AP}) + 2(\overrightarrow{AC} - \overrightarrow{AP}) + 3(\overrightarrow{AD} - \overrightarrow{AP})$
$\Leftrightarrow \overrightarrow{AP} = -\dfrac{1}{4}(\overrightarrow{AB} + 2\overrightarrow{AC} + 3\overrightarrow{AD})$

(2)　$\overrightarrow{AP} = -\dfrac{1}{4}(\overrightarrow{AB} + 2\overrightarrow{AC} + 3\overrightarrow{AD})$
$= -\dfrac{6}{4}\left(\dfrac{1}{6}\overrightarrow{AB} + \dfrac{2}{6}\overrightarrow{AC} + \dfrac{3}{6}\overrightarrow{AD}\right)$　…①
$= -\dfrac{3}{2}\left(\overrightarrow{AB} + \dfrac{2}{6}(\overrightarrow{AC} - \overrightarrow{AB}) + \dfrac{3}{6}(\overrightarrow{AD} - \overrightarrow{AB})\right)$　…②
$= -\dfrac{3}{2}\left(\overrightarrow{AB} + \dfrac{2}{6}\overrightarrow{BC} + \dfrac{3}{6}\overrightarrow{BD}\right)$

ここで，$\overrightarrow{AQ} = \overrightarrow{AB} + \dfrac{2}{6}\overrightarrow{BC} + \dfrac{3}{6}\overrightarrow{BD}$ とすると，$\overrightarrow{BQ} = \dfrac{2}{6}\overrightarrow{BC} + \dfrac{3}{6}\overrightarrow{BD}$.

$\overrightarrow{BQ} = \dfrac{2}{6}\overrightarrow{BC} + \dfrac{3}{6}\overrightarrow{BD} = \dfrac{5}{6}\left(\dfrac{2}{5}\overrightarrow{BC} + \dfrac{3}{5}\overrightarrow{BD}\right)$　…③

$\overrightarrow{BR} = \dfrac{2}{5}\overrightarrow{BC} + \dfrac{3}{5}\overrightarrow{BD}$ とすると，R は線分 CD を 3 : 2 に内分する点．
そして③より，Q は線分 BR を 5 : 1 に内分する点．
$\overrightarrow{AP} = -\dfrac{3}{2}\overrightarrow{AQ}$　より　PA : AQ = 3 : 2
四面体 ABCD と四面体 PBCD の体積の比は，高さの比を考えて，2 : (2+3) = 2 : 5

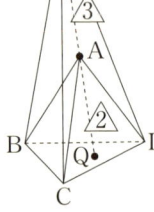

---

* ①では，係数の和が 1 になるように調整している．
* ②では，$\overrightarrow{AB}$ をまずつくり，$\overrightarrow{BC}$, $\overrightarrow{BD}$ で表現することで，寄道法の形に持ち込んでいる．

発展演習 9

座標空間に4点 A (2, 1, 0), B (1, 0, 1), C (0, 1, 2), D (1, 3, 7) がある. 3点 A, B, C を通る平面に関して点 D と対称な点を E とするとき, 点 E の座標を求めよ. （京都大）

● ヒント　線分 DE の交点を H とすると, 点 H の座標は点 D からの「**共線垂直条件**」を考えよう！

── ▶ 解答 1 ◀ ──

D から平面 ABC への垂線の足を H とする.

$$\overrightarrow{DH} = s\overrightarrow{DA} + t\overrightarrow{DB} + u\overrightarrow{DC} \quad (s+t+u=1) \quad \cdots ①$$

$$\overrightarrow{DH} = s(1, -2, -7) + t(0, -3, -6) + u(-1, -2, -5)$$

$$= (s-u, -2s-3t-2u, -7s-6t-5u)$$

$\overrightarrow{DH}$ は $\overrightarrow{AB}$, $\overrightarrow{AC}$ に垂直であるから

$$\overrightarrow{AB} \cdot \overrightarrow{DH} = 0, \quad \overrightarrow{AC} \cdot \overrightarrow{DH} = 0$$

$$\Leftrightarrow \begin{cases} -6s-3t-2u = 0 \\ -16s-12t-8u = 0 \end{cases} \quad \cdots ②$$

これを解いて, $s=0$, $t=-2$, $u=3$.

$$\therefore \quad \overrightarrow{DH} = (-3, 0, -3)$$

原点を O とすると

$$\overrightarrow{OE} = \overrightarrow{OD} + 2\overrightarrow{DH}$$

$$= (1, 3, 7) + 2(-3, 0, -3) = (-5, 3, 1)$$

∴ 点 E の座標は $(-5, 3, 1)$

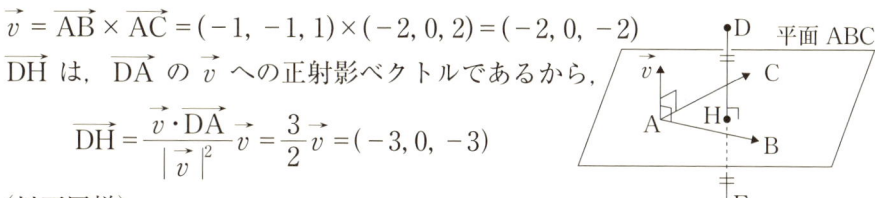

── ▶ 解答 2 ◀ ──

$\vec{v} = \overrightarrow{AB} \times \overrightarrow{AC} = (-1, -1, 1) \times (-2, 0, 2) = (-2, 0, -2)$

$\overrightarrow{DH}$ は, $\overrightarrow{DA}$ の $\vec{v}$ への正射影ベクトルであるから,

$$\overrightarrow{DH} = \frac{\vec{v} \cdot \overrightarrow{DA}}{|\vec{v}|^2}\vec{v} = \frac{3}{2}\vec{v} = (-3, 0, -3)$$

（以下同様）

発展演習 10

xyz 空間内の平面 $z=0$ の上に $x^2+y^2=25$ により定まる円 C があり，平面 $z=4$ の上に $x=1$ により定まる y 軸に平行な直線 l がある．

(1) 点 P $(6, 8, 15)$ から C 上の点への距離の最小値を求めよ．

(2) C 上の点で，l 上の点への距離の最小値が 5 であるものをすべて求めよ．

(一橋大)

● ヒント (1) 円 C 上の点を**パラメータ θ で表現**して，距離を立式して考えよう！
(2) 距離が最小値となるときの図を描いて，**三平方の定理**などから考えよう！

── ▶ 解答 ◀ ──

(1) C 上の点を Q とすると，Q $(5\cos\theta, 5\sin\theta, 0)$.
$PQ^2 = (5\cos\theta - 6)^2 + (5\sin\theta - 8)^2 + 15^2$
$= 350 - 20(4\sin\theta + 3\cos\theta) = 350 - 20 \cdot 5\sin(\theta + \alpha)$
$= 350 - 100\sin(\theta + \alpha)$（ただし，$\alpha$ は $\cos\alpha = \dfrac{4}{5}$, $\sin\alpha = \dfrac{3}{5}$ なる角）

よって，PQ^2 は $\sin(\theta + \alpha) = 1$ のとき最小値 250．

∴ PQ の最小値は $5\sqrt{10}$

(2) Q から l に下ろした垂線の足を H，H から xy 平面への垂線の足を I とする．
H $(1, 5\sin\theta, 4)$, I $(1, 5\sin\theta, 0)$
点 Q と l の距離の最小値は QH であるから，QH $= 5$ から，三平方の定理より， 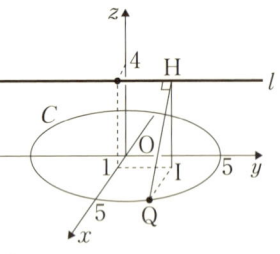
$QH^2 = QI^2 + HI^2$
$\Leftrightarrow 5^2 = (5\cos\theta - 1)^2 + 4^2 \Leftrightarrow \cos\theta = \dfrac{4}{5}, -\dfrac{2}{5}$

$\cos\theta = \dfrac{4}{5}$ のとき $\sin\theta = \pm\dfrac{3}{5}$, $\cos\theta = -\dfrac{2}{5}$ のとき $\sin\theta = \pm\dfrac{\sqrt{21}}{5}$

∴ 求める C 上の点は $(4, \pm 3, 0), (-2, \pm\sqrt{21}, 0)$

---

* (2)は，上から見ると右図のようになっているということなので，xy 平面だけに注目して考えても解くことができる．

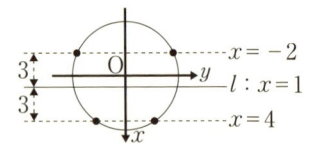

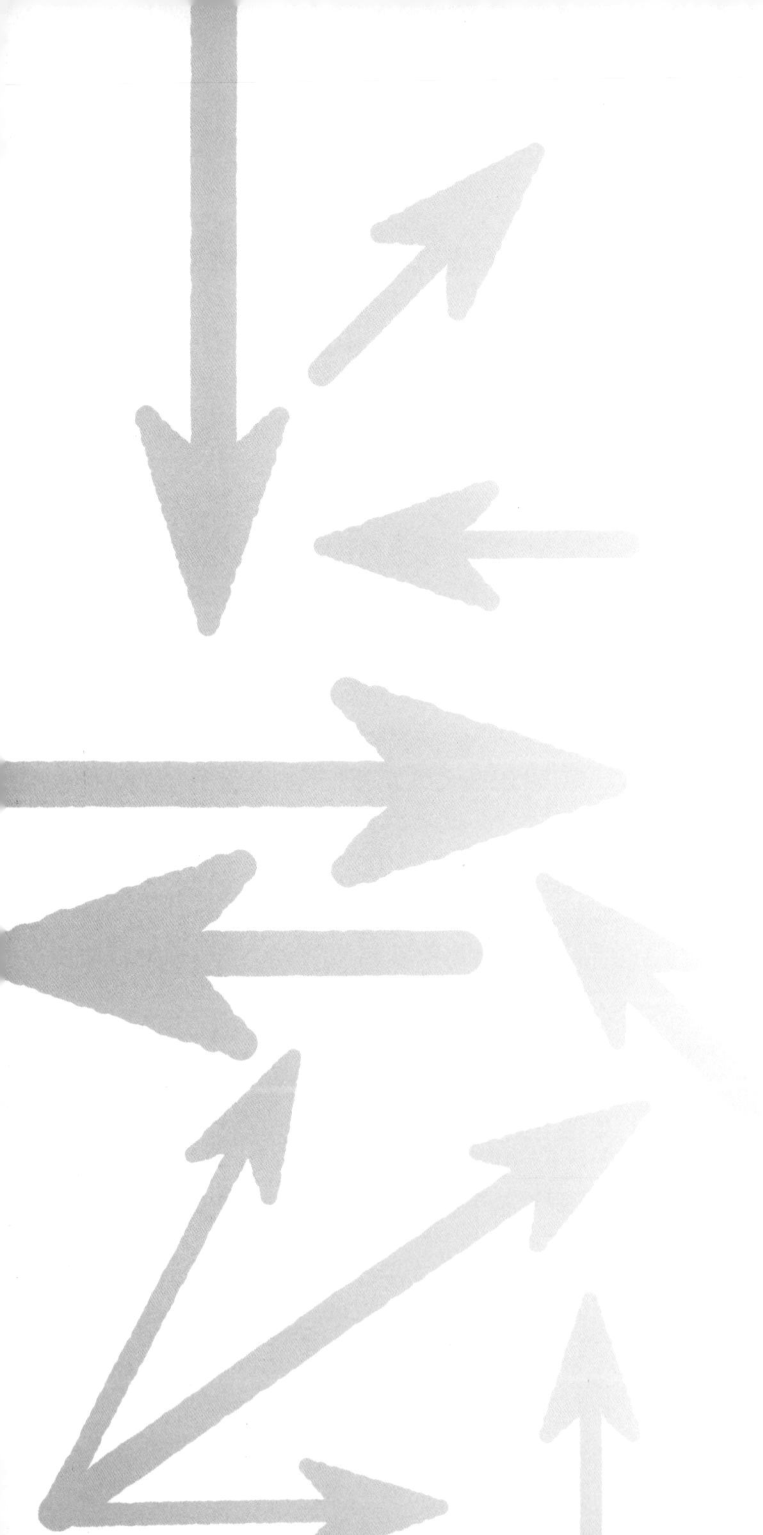